U0199039

三维建模与产品设计

主　编　陈志富　陈辉珠

副主编　陈美莲　丁立刚　黄　智　罗月媚

参　编　梁家祯　郭潭长　梁声宇　黎俭良

　　　　姚孟秋　刘双喜　袁晨峰　张崇伦　罗文科

电子工业出版社·
Publishing House of Electronics Industry
北京·BEIJING

内 容 简 介

本书精选日常用品的造型设计作为项目案例，基于 Creo 5.0 软件，系统而生动地阐述了三维建模技术与结构设计原理，全面覆盖了从基础建模、精细装配到工程图纸输出的工作流程。

本书既可作为职业院校及技工院校模具制造技术、增材制造技术应用、数控技术应用等专业的教材，也可作为产品结构设计领域从业人员提升专业技能的参考用书。

图书在版编目（CIP）数据

三维建模与产品设计 / 陈志富，陈辉珠主编.
北京 ：电子工业出版社，2024. 12. -- ISBN 978-7-121-49333-1

Ⅰ．TB472-39

中国国家版本馆 CIP 数据核字第 20245QX283 号

责任编辑：蒲　玥
印　　刷：三河市良远印务有限公司
装　　订：三河市良远印务有限公司
出版发行：电子工业出版社
　　　　　北京市海淀区万寿路 173 信箱　　　邮编：100036
开　　本：880×1230　　1/16　　印张：15.5　　字数：377 千字
版　　次：2024 年 12 月第 1 版
印　　次：2024 年 12 月第 1 次印刷
定　　价：45.00 元

凡所购买电子工业出版社图书有缺损问题，请向购买书店调换。若书店售缺，请与本社发行部联系，联系及邮购电话：（010）88254888，88258888。

质量投诉请发邮件至 zlts@phei.com.cn，盗版侵权举报请发邮件到 dbqq@phei.com.cn。

本书咨询联系方式：（010）88254485，puyue@phei.com.cn。

前　言

党的二十大报告指出，加快建设国家战略人才力量，努力培养造就更多大师、战略科学家、一流科技领军人才和创新团队、青年科技人才、卓越工程师、大国工匠、高技能人才。本书的宗旨是为装备制造大类相关专业培养高技能人才。

三维建模与产品设计是职业院校装备制造大类专业的重要课程，也是产品设计、模具制造、数控加工行业中的关键岗位技能。本书讲解了系统、实用、专业的三维建模技术与产品设计的知识和技能，坚持理论与实践相结合。本书注重零基础入门，通过循序渐进的案例讲解，帮助读者快速掌握三维建模与产品设计的技能，成为现代技术应用者，为读者的职业生涯发展奠定坚实的基础。

本书精选充电器、加湿器、遥控器及台灯四个项目，针对每个项目，深入剖析构成这些产品的零件，逐步引导读者理解并实践零件的精准建模，阐述零件间的装配技巧与策略，最后展示了如何高效生成符合工程标准的图纸。与传统的以命令讲解为主的图书不同，本书以实际工作过程为流程框架，将知识点融入相应的任务中，让读者在完成实际任务的过程中掌握相应的操作命令。本书符合职业院校学生的学习特点，可以有效提升教学效果。本书使用"知识加油站"模块对产品设计方法、理念等知识进行拓展，使用"技能加油站"模块对建模方法进行拓展，以达到举一反三的效果。

在内容呈现方面，本书精心设计了大量插图，以增强读者的理解和学习体验。同时，本书配有丰富的课程资源，包括模型数据、操作视频、建模结果文件、拓展项目图纸及教学课件，旨在为读者提供全方位的学习支持。读者可登录华信教育资源网免费下载课程资源，有问题时请与电子工业出版社联系（E-mail:hxedu@phei.com.cn）。

特别说明：根据国家标准《技术制图 字体》（GB/T 14691—1993）中的规定，字母和数字可写成直体（即正体）或斜体。绘图软件中对于字体可以统一设置为斜体或正体，本书中凡是表示在软件中标注的图形尺寸、几何公差、表面粗糙度、技术要求等全部采用直体。

本书由职业院校专业课教师及企业工程师共同编写，由陈志富、陈辉珠担任主编，由陈美莲、丁立刚、黄智、罗月媚担任副主编。同时，梁家祯、郭潭长、梁声宇、黎俭良、姚孟秋、刘双喜、袁晨峰、张崇伦、罗文科参与编写，广东坚朗精密制造有限公司李伟凡、中山市誉胜智能科技有限公司汪国君、中山市飞速智能装备有限公司马文超及有成精密模具科技（中山）有限公司林伟成等工程师在教学项目的选择、建模技术、产品设计等方面给予了深入的指导。

由于编者水平有限，书中难免有不足之处，敬请广大读者批评指正。

编　者

<h2 style="text-align:center">《三维建模与产品设计》操作视频列表</h2>

项目	任务	二维码	项目	任务	二维码
项目一	外壳建模		项目三	构建骨架模型	
	前盖建模			上壳组件建模	
	后盖建模			下壳组件建模	
	其他配件建模			上壳工程图	
	插头工程图			遥控器的装配	
	充电器的装配		项目四	构建台灯底座骨架模型	
项目二	构建骨架模型			台灯底座上壳	
	下壳建模			台灯底座弹簧建模	
	上壳建模			台灯灯杆建模	
	水箱建模			灯杆连接件建模	
	喷汽嘴建模			台灯灯罩骨架模型	
	装饰片建模			灯罩上盖建模	
	配件建模			底座上壳工程图	
	喷汽嘴工程图			台灯的装配	
	加湿器的装配				

目 录

项目一　充电器造型设计 1

　　任务一　外壳建模 2

　　任务二　前盖建模 22

　　任务三　后盖建模 40

　　任务四　其他配件建模 41

　　任务五　插头工程图 42

　　任务六　充电器的装配 50

项目二　加湿器造型设计 58

　　任务一　骨架建模 59

　　任务二　下壳建模 67

　　任务三　上壳建模 91

　　任务四　水箱建模 101

　　任务五　喷汽嘴建模 101

　　任务六　装饰片建模 102

　　任务七　其他配件建模 102

　　任务八　喷汽嘴工程图 103

　　任务九　加湿器的装配 111

项目三　遥控器造型设计 115

　　任务一　骨架建模 116

　　任务二　上壳组件建模 124

　　任务三　下壳组件建模 151

　　任务四　上壳工程图 165

　　任务五　遥控器的装配 170

项目四 台灯造型设计 176

    任务一　底座组件建模 177

    任务二　灯杆组件建模 204

    任务三　灯罩组件建模 212

    任务四　底座上壳工程图 230

    任务五　台灯的装配 235

项目一

充电器造型设计

项目描述

充电器又名电源适配器，由一个稳定电源（主要作用是提供稳定的工作电压和足够的电流）和必要的恒流、限压、限时等控制电路构成。充电器主要由外壳、前盖、后盖组成，其结构相对简单，适合产品结构设计初学者学习。

项目目标

1．掌握拉伸、抽壳等命令的使用方法；

2．掌握倒圆角、斜角等命令的使用方法；

3．掌握拔模命令的使用方法；

4．了解料厚、脱模斜度等概念；

5．掌握装配约束命令，能完成充电器的装配；

6．感受"中国制造"的伟大，培养学生的爱国主义情怀。

项目完成效果

充电器三维造型设计效果图如图 1-1-1 所示。

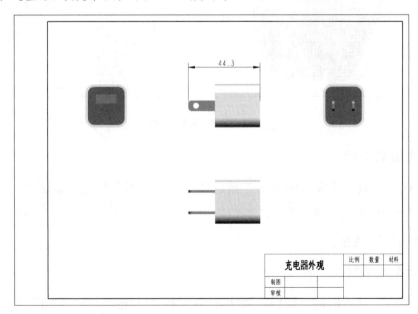

图 1-1-1　充电器三维造型设计效果图

操作视频

项目导读

中国制造是世界上认知度非常高的标签之一。"Made in China"遍及全球的每一个角落。从中国的四大发明，到如今被海外网民称为"新四大发明"的高铁、网购、移动支付和共享单车，创新成为中国复兴路上的精彩篇章。党的十八大以来，我国在航天工程、超级计算机、量子通信、大飞机工程、高速铁路、国产航母等高技术和高端制造领域取得了一批有国际影响力的重大成果。

任务一　外壳建模

完成外壳建模，外壳零件图如图 1-1-2 所示。

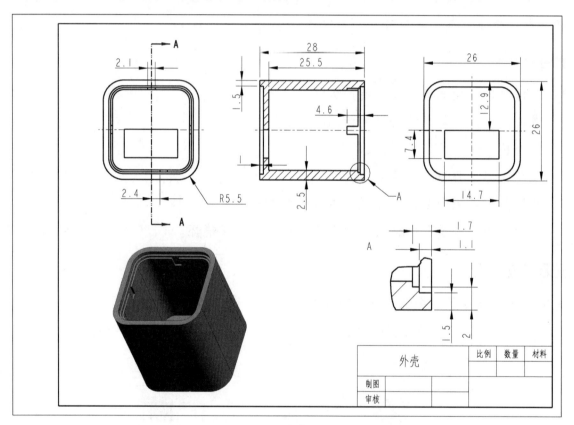

图 1-1-2　外壳零件图

1. 创建外壳模型文件

启动 Creo，在"主页"选项卡中单击"新建"按钮，弹出"新建"对话框，如图 1-1-3 所示。在"文件名"文本框中输入"外壳"，取消勾选"使用默认模板"复选框，单击"确定"按钮。弹出"新文件选项"对话框。

2. 选择零件配置选项

在"新文件选项"对话框的"模板"列表框中选择"mmns_part_solid"选项，单击"确定"按钮，如图 1-1-4 所示。

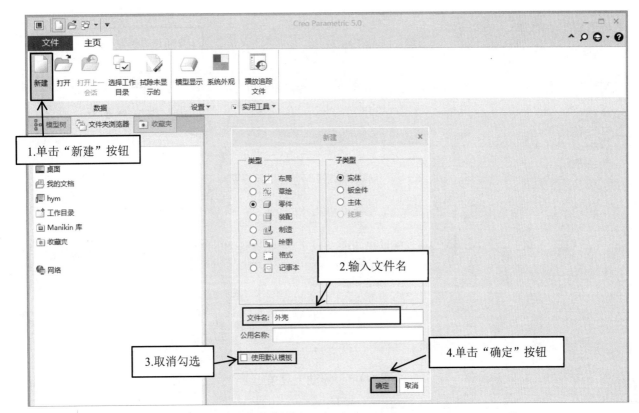

图 1-1-3　"新建"对话框

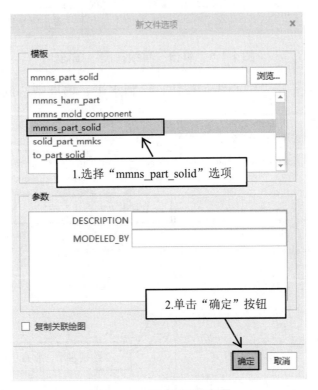

图 1-1-4　零件配置选项

3．创建拉伸特征 1

选中 TOP 平面，弹出浮动工具条，如图 1-1-5 所示，单击"拉伸"按钮。

在图形工具条中单击"草绘视图"按钮，如图 1-1-6 所示。

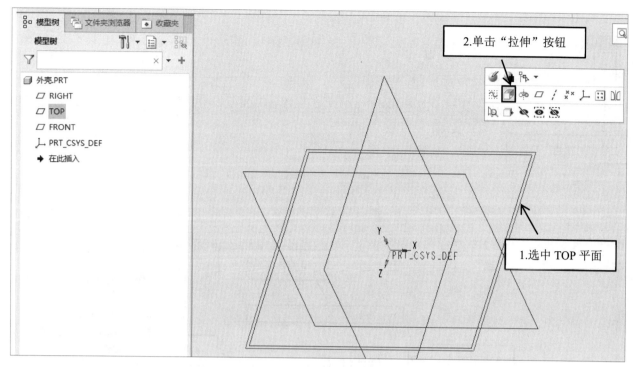

图 1-1-5 浮动工具条

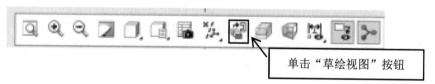

图 1-1-6 单击"草绘视图"按钮

在"草绘"选项卡中单击"中心线"按钮，绘制水平、垂直中心线，效果如图 1-1-7 所示。

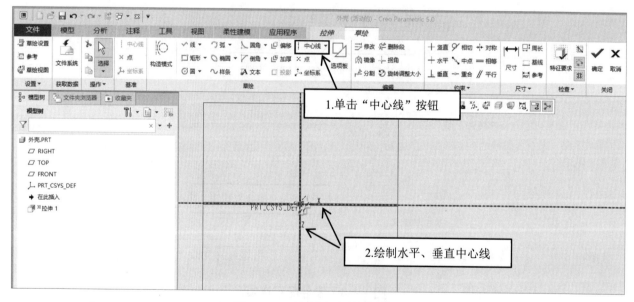

图 1-1-7 绘制中心线的效果

在"草绘"选项卡中单击"矩形"按钮，绘制如图 1-1-8 所示的矩形，单击"确定"按钮。

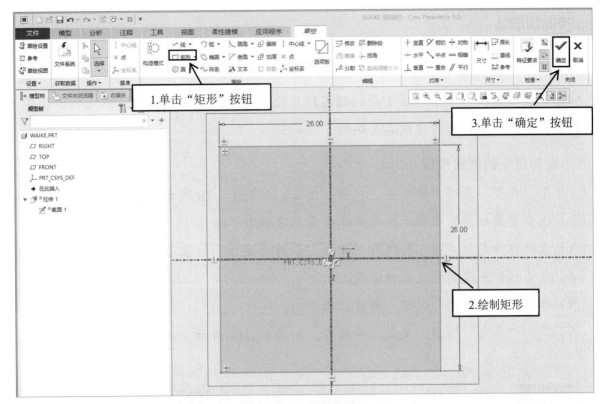

图 1-1-8 绘制矩形

在"拉伸"选项卡中单击"拉伸为实体"按钮,将拉伸参数设置为 28.00,单击"确定"按钮,如图 1-1-9 所示。

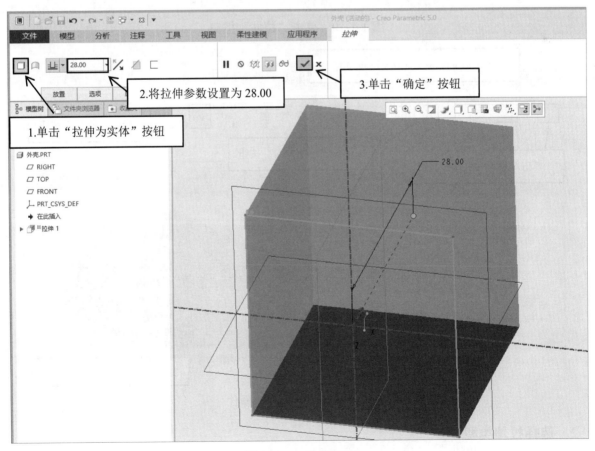

图 1-1-9 拉伸矩形

技能加油站

拉伸特征

拉伸是指通过在垂直于草绘平面的指定距离处投影二维截面来创建三维几何。拉伸特征是最基本且经常使用的零件建模工具选项。

1. 拉伸特征的创建步骤

（1）在"模型"选项卡中单击"拉伸"按钮，如图 1-1-10 所示。

（2）选中需要拉伸的截面草绘或选择平面创建截面草绘。

（3）选择拉伸类型（图 1-1-11 中为单击"拉伸为实体"按钮）。

（4）定义拉伸深度类型及拉伸深度。

（5）单击"拉伸方向"按钮，调整拉伸方向。

（6）单击"确定"按钮，完成拉伸操作，如图 1-1-11 所示。

图 1-1-10　单击"拉伸"按钮

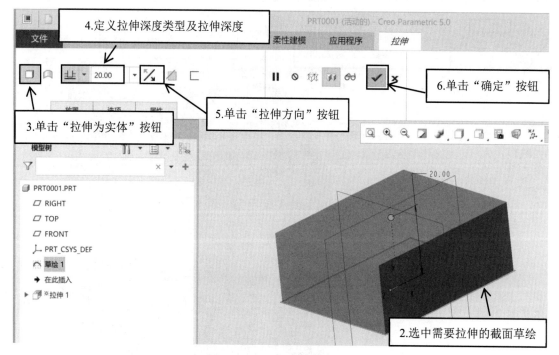

图 1-1-11　完成拉伸操作

2. 选择拉伸类型

拉伸类型有以下几种。

拉伸为实体：单击"拉伸为实体"按钮，可以创建实体类型的特征，在根据截面草绘生成实体时，实体特征的截面草绘完全由材料填充。

拉伸为曲面：单击"拉伸为曲面"按钮，可以创建一个拉伸曲面。在 Creo 中，曲面是一种没有厚度和重量的片体几何，可以通过相关的操作使其变成带厚度的实体。

加厚草绘：先单击"拉伸为实体"按钮，再单击"加厚草绘"按钮，可以创建薄壁特征。薄壁特征的截面草绘是由材料填充的厚度均匀的环，环的内侧或外侧或中心轮廓线是截面草绘。

移除材料：单击"移除材料"按钮，可以创建切削特征，这种特征需要在已有的特征上创建。

3. 选择拉伸深度类型并确认拉伸深度

拉伸深度类型如下。

- 从草绘平面以指定的拉伸深度拉伸 ⇟：可以创建指定拉伸深度类型的特征，此时特征将从草绘平面开始，按照输入的拉伸深度值向特征创建的方向的一侧进行拉伸。
- 在各方向上以指定拉伸深度的一半拉伸草绘平面的双侧 ⇧：可以创建"对称"深度类型的特征，此时特征将从草绘平面开始，按照输入的拉伸深度值的一半分别向特征创建的方向的两侧进行拉伸。
- 到选定的 ⇟：此时特征从草绘平面开始拉伸至选定的点、曲线、平面或曲面。
- 当在基础特征上添加其他特征时，还会出现以下深度选项。
- 拉伸至下一个曲面 ⇟：深度在已有特征的下一个曲面处终止。
- 拉伸至与所有的曲线相交 ⇟：特征在拉伸方向上延伸，直至与所有曲面相交。
- 拉伸至与选定的曲线相交 ⇟：特征在拉伸方向上延伸，直至与指定曲面相交。

4. 倒圆角

在"模型"选项卡中单击"倒圆角"按钮，如图 1-1-12 所示，进入倒圆角编辑界面。

图 1-1-12   单击"倒圆角"按钮

按住 Ctrl 键，选中几何体的 4 条棱边，将圆角半径设置为 5.50，单击"确定"按钮，完成倒圆角操作，如图 1-1-13 所示。

5. 抽壳

在"模型"选项卡中单击"壳"按钮，如图 1-1-14 所示，进入壳编辑界面。选中几何体的顶面，将"厚度"修改为 2.50，单击"确定"按钮，完成抽壳操作，如图 1-1-15 所示。

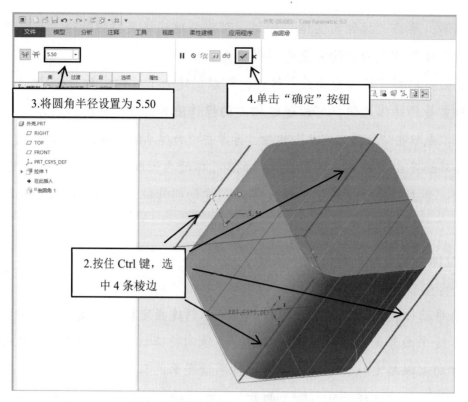

图 1-1-13 倒圆角

图 1-1-14 单击"壳"按钮

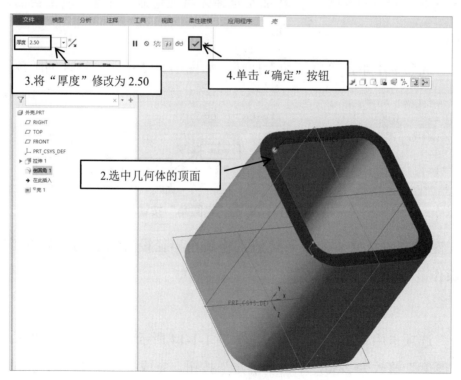

图 1-1-15 抽壳

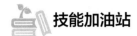 **技能加油站**

抽壳特征

抽壳就是删除实体的一个或几个面，掏空实体的内部，留下具有一定壁厚的壳。抽壳命令可以创建壁厚相同或不同的壳。

1. 创建壁厚相同的壳

在"模型"选项卡中单击"壳"按钮，如图 1-1-16 所示，进入壳编辑界面。按住 Ctrl 键，依次选中需要删除的面，将"厚度"设置为 1.00，单击"更改厚度方向"按钮，调整方向，单击"确定"按钮，完成抽壳操作，如图 1-1-17 所示。

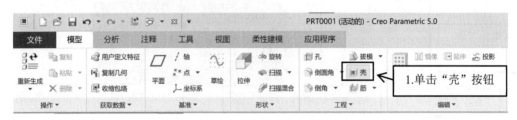

图 1-1-16 单击"壳"按钮（1）

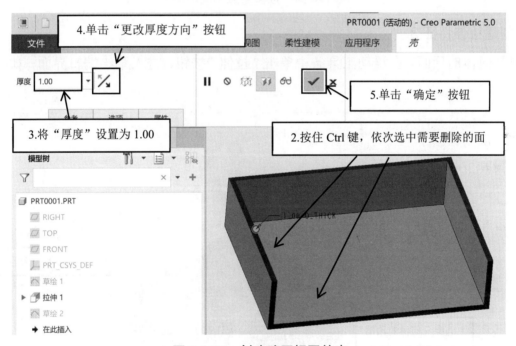

图 1-1-17 创建壁厚相同的壳

2. 创建壁厚不同的壳

在"模型"选项卡中单击"壳"按钮，如图 1-1-18 所示，进入壳编辑界面。

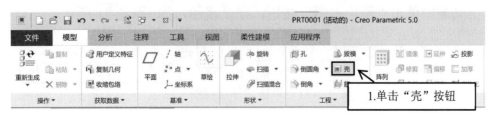

图 1-1-18 单击"壳"按钮（2）

按住 Ctrl 键，依次选中需要删除的面，将"厚度"设置为 0.50。单击"参考"按钮，在弹出的下拉列表中单击"非默认厚度"列表框的空白处。按住 Ctrl 键，依次选中厚度不同的面，设置不同面的"厚度"值。单击"更改厚度方向"按钮，调整方向，单击"确定"按钮，如图 1-1-19 所示。完成抽壳操作。

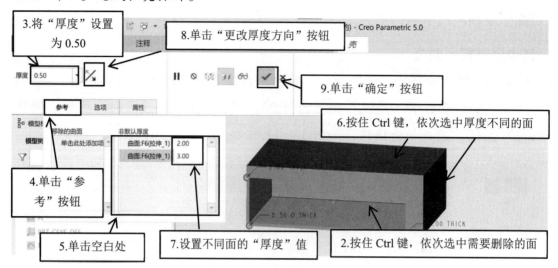

图 1-1-19　创建壁厚不同的壳

6. 创建拉伸特征 2

选中几何体的顶面，在浮动工具条中单击"拉伸"按钮，进入草绘编辑界面，如图 1-1-20 所示。

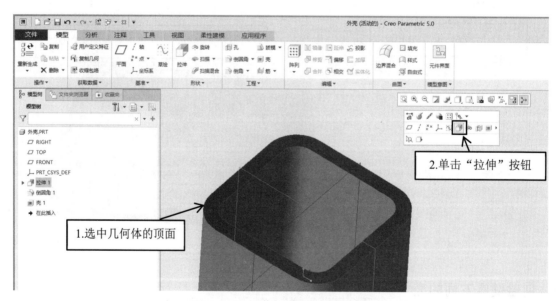

图 1-1-20　进入草绘编辑界面

在图形工具条中单击"草绘视图"按钮，摆正视图，如图 1-1-21 所示。

图 1-1-21　单击"草绘视图"按钮

在"草绘"选项卡中单击"投影"按钮，依次选中轮廓线，单击鼠标中键，完成投影操作，如图 1-1-22 所示。

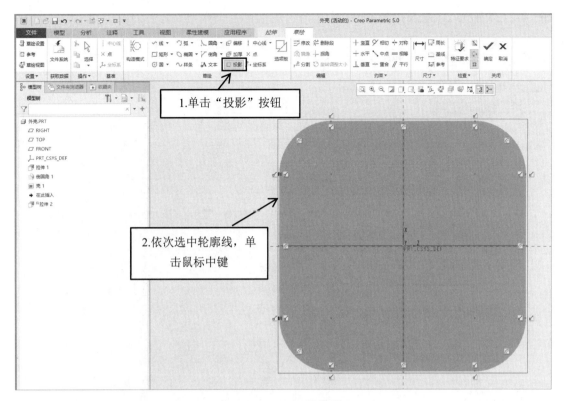

图 1-1-22　投影操作

在"草绘"选项卡中单击"偏移"按钮，弹出"类型"对话框，选中"环"单选按钮，选中上一步投影的轮廓线，将偏移值设置为-1.5。单击"确定"按钮，完成偏移操作，如图 1-1-23 所示。

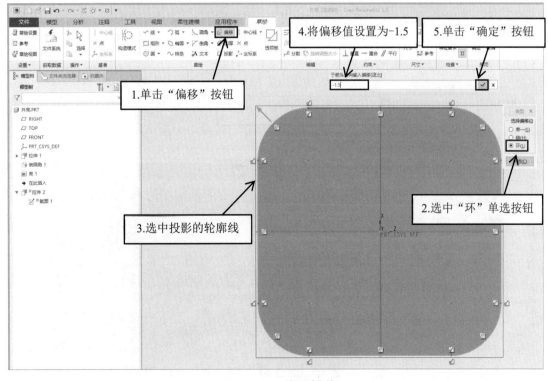

图 1-1-23　偏移操作

在"草绘"选项卡中单击"删除段"按钮，依次选中最外一圈的轮廓线，单击"确定"按钮，如图 1-1-24 所示，进入拉伸编辑界面。

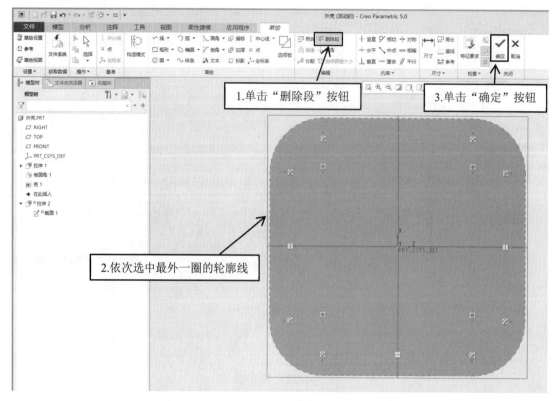

图 1-1-24　删除轮廓线

编辑拉伸参数，在"拉伸"选项卡中，将拉伸深度设置为 1.10，单击"移除材料"按钮，单击"拉伸方向"按钮，调整拉伸方向，单击"确定"按钮，如图 1-1-25 所示。

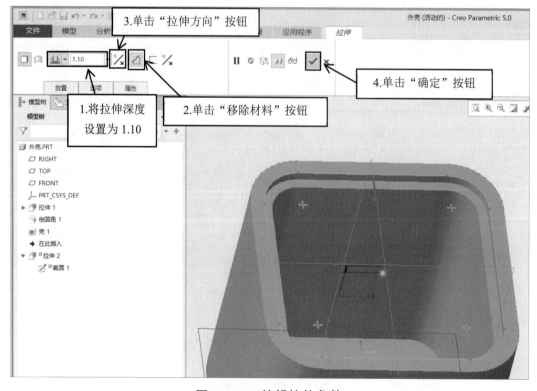

图 1-1-25　编辑拉伸参数

7．创建拉伸特征 3

选中如图 1-1-26 所示的平面，在浮动工具条中单击"拉伸"按钮，进入草绘编辑界面。

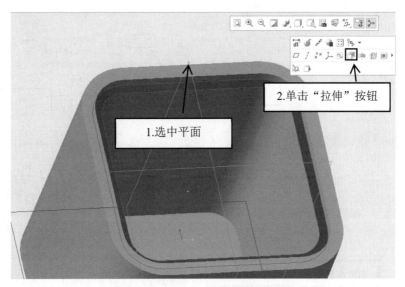

图 1-1-26　进入草绘编辑界面

在图形工具条中单击"草绘视图"按钮，摆正视图。

重复"6.创建拉伸特征 2"中轮廓线的投影操作。在"草绘"选项卡中单击"偏移"按钮，弹出"类型"对话框，选中"环"单选按钮。选中投影的轮廓线，将偏移值设置为-1.8，单击"确定"按钮，如图 1-1-27 所示。

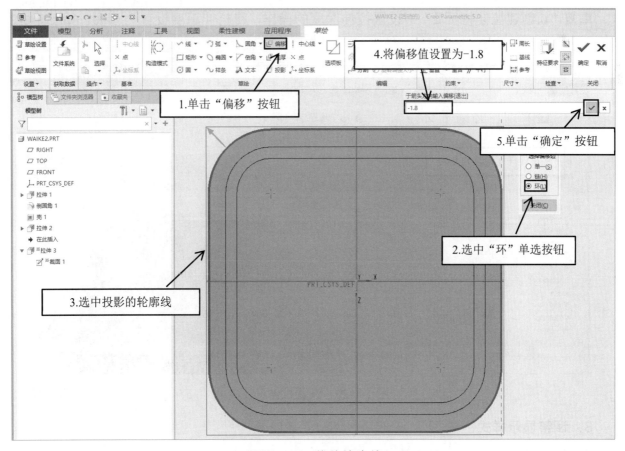

图 1-1-27　偏移轮廓线

在"草绘"选项卡中单击"删除段"按钮，依次选中最外一圈的轮廓线，单击"确定"按钮，如图 1-1-28 所示。

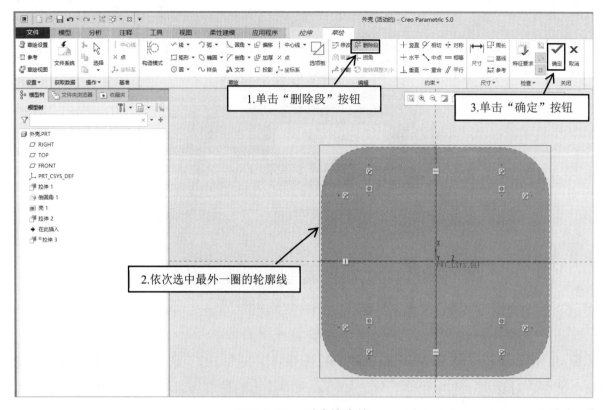

图 1-1-28　删除轮廓线

重复"6.创建拉伸特征 2"中设置拉伸深度的操作，将拉伸深度设置为 0.60，如图 1-1-29 所示。

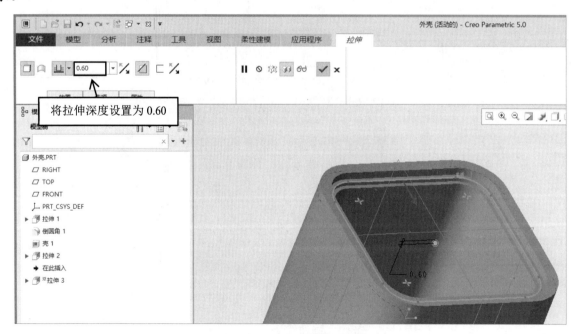

图 1-1-29　设置拉伸深度

8．调整显示样式

在图形工具条中单击"显示样式"下拉按钮，选择"带边着色"选项，如图 1-1-30 所示。

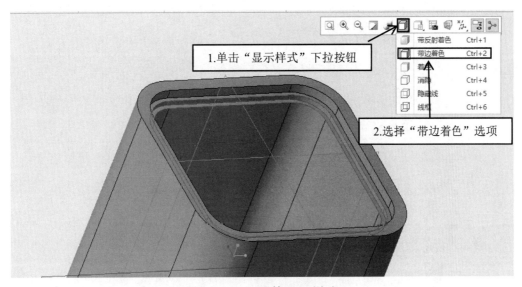

图 1-1-30　调整显示样式

9. 创建拉伸特征 4

选中如图 1-1-31 所示的平面，在浮动工具条中单击"拉伸"按钮。

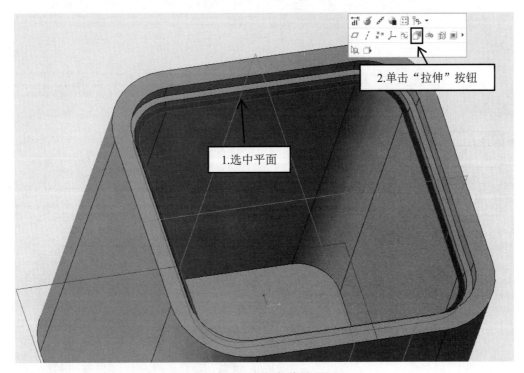

图 1-1-31　选中草绘平面

在图形工具条中单击"草绘视图"按钮。利用中心线、矩形命令绘制草绘，单击"确定"按钮，如图 1-1-32 所示。

在"拉伸"选项卡中，将拉伸深度设置为 2.90，单击"拉伸方向"按钮，调整拉伸方向，单击"移除材料"按钮，单击"确定"按钮，完成拉伸切除操作，如图 1-1-33 所示。

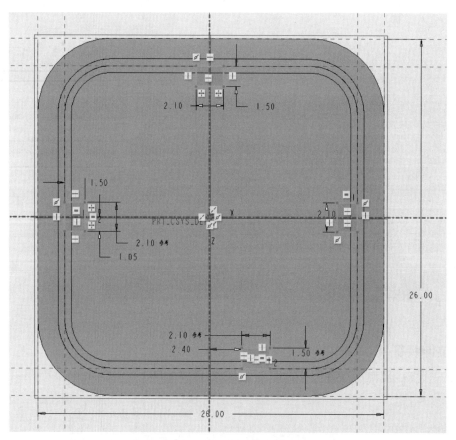

图 1-1-32 绘制草绘

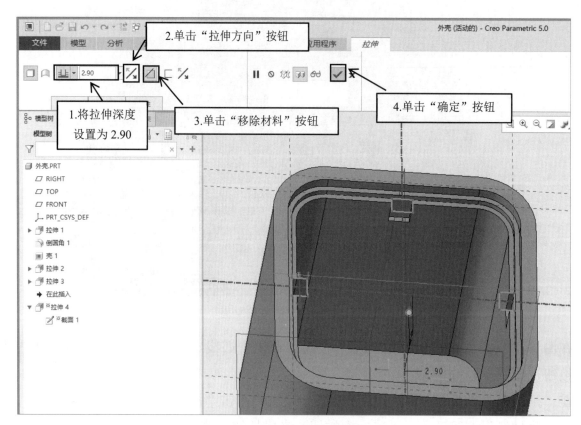

图 1-1-33 拉伸切除操作

10．创建拉伸特征 5

选中如图 1-1-34 所示的平面，在浮动工具条中单击"拉伸"按钮。

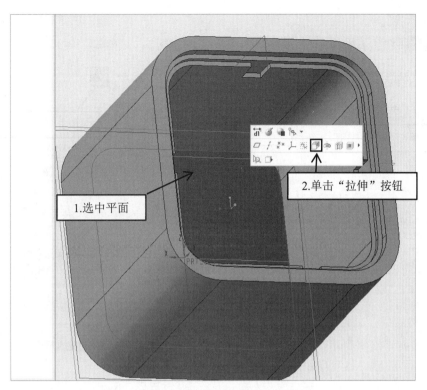

图 1-1-34 选中平面

在图形工具条中单击"草绘视图"按钮，摆正视图。利用中心线、矩形命令绘制草绘，单击"确定"按钮，如图 1-1-35 所示。

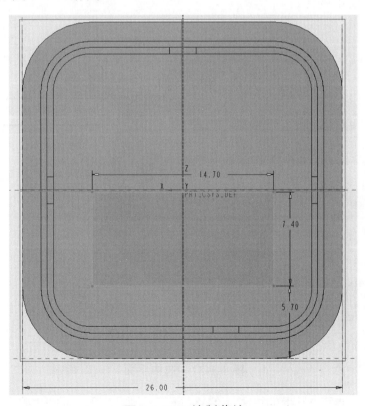

图 1-1-35 绘制草绘

在"拉伸"选项卡中单击"拉伸方向"按钮，调整拉伸方向，单击"移除材料"按钮，单击"确定"按钮，完成拉伸切除操作，如图 1-1-36 所示。

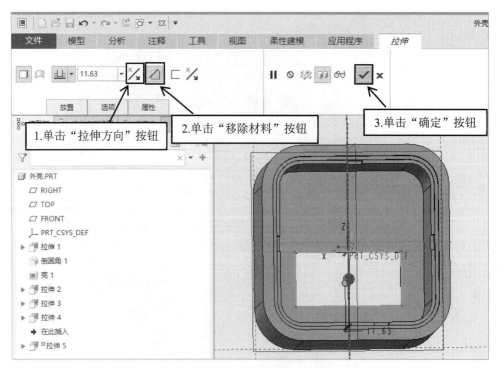

图 1-1-36　拉伸切除操作

11. 创建拉伸特征 6

选中如图 1-1-37 所示的平面,在浮动工具条中单击"拉伸"按钮。在图形工具条中单击"草绘视图"按钮,摆正视图。

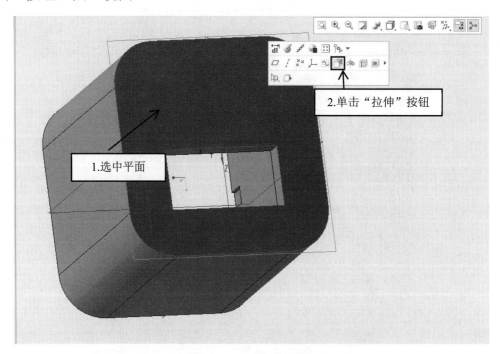

图 1-1-37　选中平面

重复"6.创建拉伸特征 2"中的投影、偏移操作,绘制草绘,单击"确定"按钮,如图 1-1-38 所示。

在"拉伸"选项卡中,将拉伸深度设置为 1.00,单击"拉伸方向"按钮,调整拉伸方向,单击"移除材料"按钮,单击"确定"按钮,完成拉伸编辑切除操作,如图 1-1-39 所示。

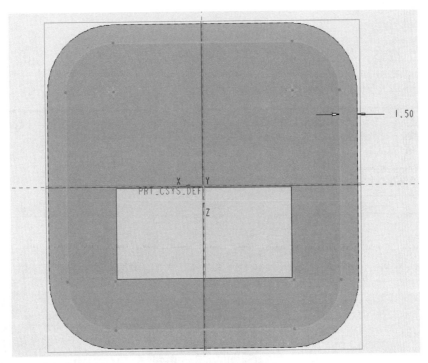

图 1-1-38　绘制草绘

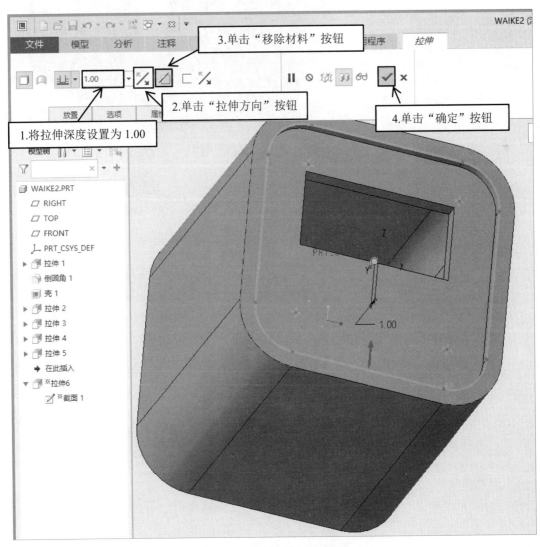

图 1-1-39　拉伸切除操作

12. 保存文件

单击"保存"按钮，如图 1-1-40 所示。弹出"保存对象"对话框，如图 1-1-41 所示，选择保存位置，单击"确定"按钮。

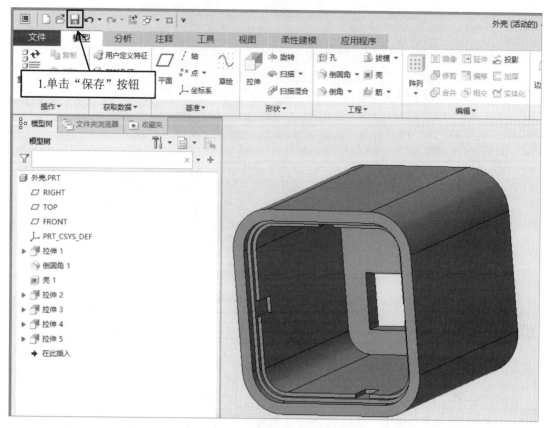

图 1-1-40　单击"保存"按钮

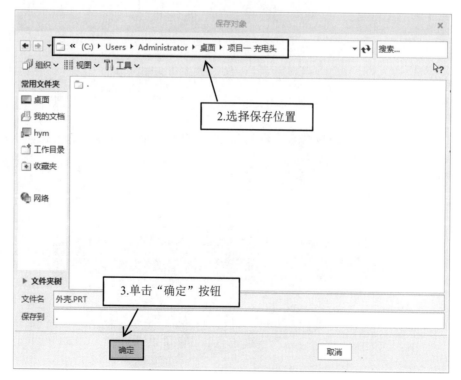

图 1-1-41　"保存对象"对话框

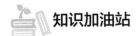

知识加油站

塑料件的料厚

塑料件的料厚是指塑料件的材料厚度，它对于塑料件的成型质量、强度、外观和成本等方面都有重要影响。料厚应根据塑料的种类、产品的用途、尺寸的大小和成型工艺等因素综合考虑。

1. 料厚的影响

成型质量：料厚过小可能导致塑料件在成型过程中产生缩孔、凹陷等缺陷；料厚过大可能导致塑料件内部应力过大，易产生变形或开裂。

强度：料厚直接影响塑料件的强度。一般来说，料厚越大，塑料件的强度越高。但料厚过大也会增加产品的重量和成本。

外观：料厚的均匀性对塑料件的外观质量有很大的影响。料厚不均匀可能导致产品表面出现波浪、色差等问题。

成本：料厚的选择直接关系到产品的材料成本和加工成本。料厚过大会增加材料消耗和加工时间，从而增加产品成本。

2. 料厚的选择原则

根据产品用途选择：对于需承受较大外力或需要较高强度的产品，应选择较大的料厚；对于一些外观要求较高但不承受较大外力的产品，可以选择较小的料厚。

根据塑料种类选择：不同种类的塑料有不同的成型特性和强度要求。例如，热塑性塑料的料厚设计一般以4mm为限；热固性塑料由于其成型特性，料厚可以适当大一些。

根据产品尺寸选择：一般来说，小型产品的料厚可以适当小一些，大型产品的料厚需要适当大一些。

考虑成型工艺：成型工艺对料厚的选择也有一定影响。例如，对于需要多次成型的复杂产品，可能需要适当增大料厚以保证成型质量。

3. 常见塑料件的料厚推荐值

塑料件的料厚主要根据塑料的种类、产品的用途和尺寸的大小来确定。以下是一些常见塑料材料及其推荐的料厚范围。

（1）ABS（丙烯腈-丁二烯-苯乙烯共聚物）的常用料厚有1.0mm、1.2mm、1.5mm、2.0mm、2.5mm、3.0mm，视产品的大小和功能而定。

（2）PP（聚丙烯）具有较软的特性，考虑到缩水问题，其料厚通常较小，常用的料厚有1.0mm、1.2mm、1.5mm。

（3）PVC（聚氯乙烯）多用于实心零件，其料厚限制通常不大。

（4）POM（聚甲醛）的常用料厚有1.0mm、1.2mm、1.5mm、2.0mm、2.5mm、3.0mm，具体取决于产品的大小。

（5）PE（聚乙烯）、PS（聚苯乙烯）、CA（醋酸纤维素）等材料具有较好的流动性，因此适用于较小的料厚，通常在热塑性塑料的范围内，即 0.5mm～4.0 mm。

任务评价表

任务一　外壳建模						
序号	检测项目	配分	评分标准	自评	组评	师评
1	拉伸特征 1	10	该特征是否正确			
2	倒圆角	5	该特征是否正确			
3	抽壳	15	该特征是否正确			
4	拉伸特征 2	15	该特征是否正确			
5	拉伸特征 3	15	该特征是否正确			
6	拉伸特征 4	15	该特征是否正确			
7	拉伸特征 5	15	该特征是否正确			
8	拉伸特征 6	10	该特征是否正确			
9		合计				
互评学生 姓名						

任务二　前盖建模

操作视频

完成前盖建模，前盖零件图如图 1-2-1 所示。

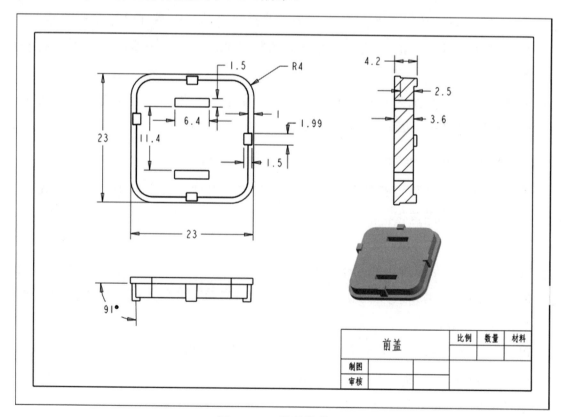

图 1-2-1　前盖零件图

1．创建前盖文件

启动 Creo，在"主页"选项卡中单击"新建"按钮，弹出"新建"对话框，在"文件名"文本框中输入"前盖"，取消勾选"使用默认模板"复选框，单击"确定"按钮，弹出"新文件选项"对话框。

2．选择零件配置选项

在"新文件选项"对话框的"模板"列表框中选择"mmns_part_solid"选项，单击"确定"按钮。

3．创建拉伸特征 1

选中 TOP 平面，在浮动工具条中单击"拉伸"按钮，如图 1-2-2 所示。

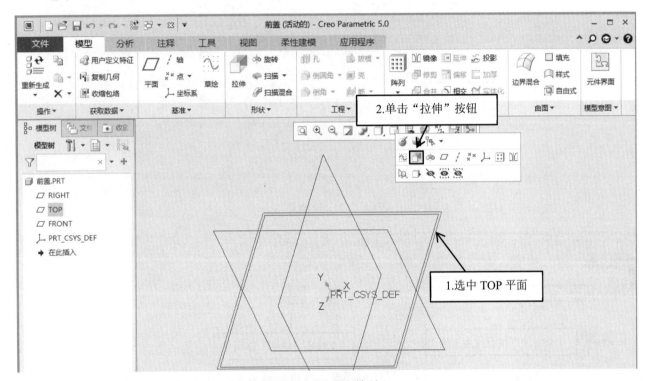

图 1-2-2　创建拉伸特征 1

在图形工具条中单击"草绘视图"按钮，摆正视图。

利用中心线、矩形命令绘制草绘，如图 1-2-3 所示，单击"确定"按钮。

在"拉伸"选项卡中，将拉伸深度设置为 3.60，单击"确定"按钮，完成拉伸操作，如图 1-2-4 所示。

4．倒圆角

在"模型"选项卡中单击"倒圆角"按钮，进入倒圆角编辑界面。

按住 Ctrl 键，依次选中几何体的 4 条棱边，将圆角半径设置为 4.00，单击"确定"按钮，完成倒圆角操作，如图 1-2-5 所示。

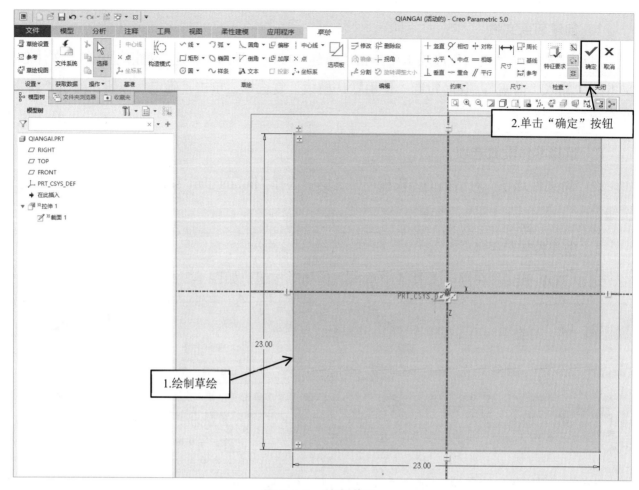

图 1-2-3　绘制草绘

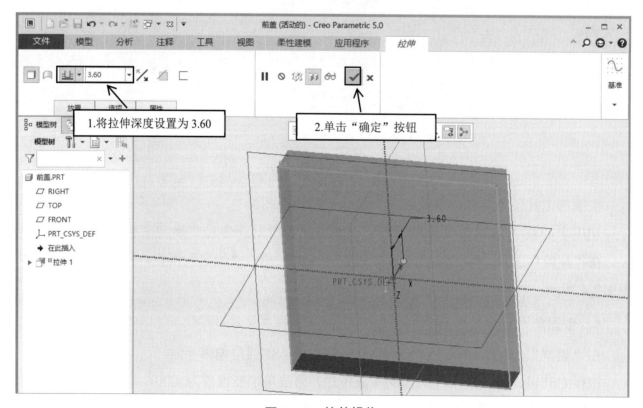

图 1-2-4　拉伸操作

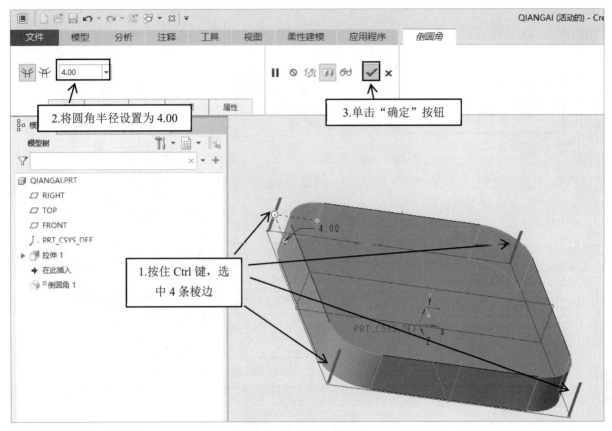

图 1-2-5　倒圆角操作

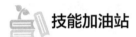 **技能加油站**

倒圆角

"模型"选项卡中的"倒圆角"按钮用于创建曲面的圆角。曲面包含实体模型的曲面及曲面特征。

1. 创建简单圆角

在"模型"选项卡中单击"倒圆角"按钮，进入倒圆角编辑界面。按住 Ctrl 键，依次选中需要倒圆角的边。

在"倒圆角"选项卡中，将圆角半径设置为 5.00，单击"确定"按钮，如图 1-2-6 所示。

2. 完全倒圆角

完全倒圆角是指在选定的两个参考间使用一个相切的圆弧面几何来代替已有的几何。

在"模型"选项卡中单击"倒圆角"按钮，进入倒圆角编辑界面。按住 Ctrl 键，依次选中需要倒圆角的两条边。单击"集"按钮，在弹出的下拉列表中单击"完全倒圆角"按钮，单击"确定"按钮，如图 1-2-7 所示。

3. 自动倒圆角

"自动倒圆角"选项能同时对多个凸边或多个凹边创建恒定半径的倒圆角特征。

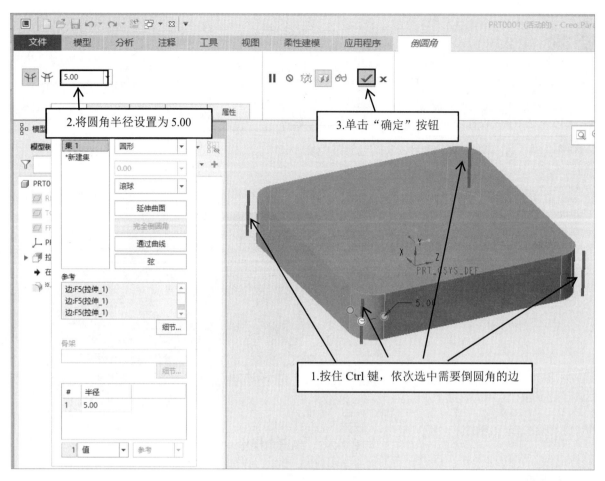

图 1-2-6　创建简单圆角

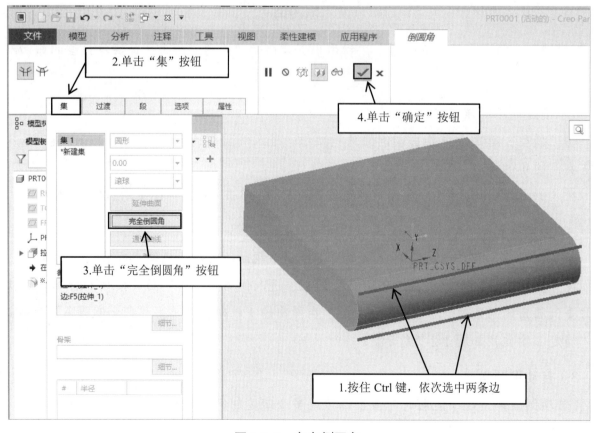

图 1-2-7　完全倒圆角

在"模型"选项卡中单击"倒圆角"下拉按钮，在弹出的下拉列表中选择"自动倒圆角"选项，进入自动倒圆角编辑界面，如图 1-2-8 所示。

图 1-2-8 选择"自动倒圆角"选项

在"自动倒圆角"选项卡中，勾选"凸边"复选框，将圆角半径设置为 3.00。单击"排除"按钮，在弹出的下拉列表中，按住 Ctrl 键，依次选中不需要倒圆角的边，单击"确定"按钮，如图 1-2-9 所示。

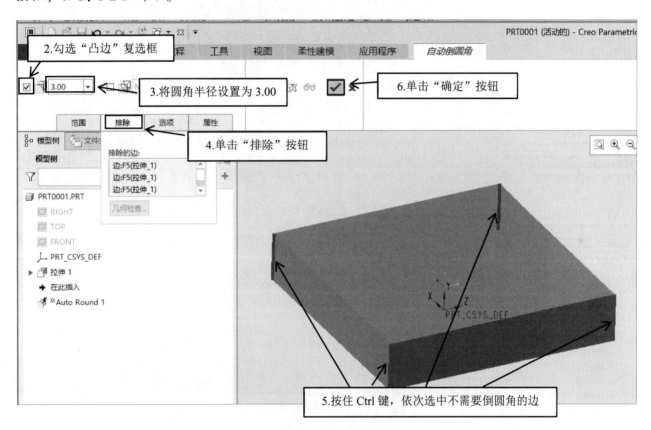

图 1-2-9 自动倒圆角操作

5. 创建拉伸特征 2

选中如图 1-2-10 所示的平面，在浮动工具条中单击"拉伸"按钮，进入草绘编辑界面。

在图形工具条中单击"草绘视图"按钮，摆正视图，如图 1-2-11 所示。

在"草绘"选项卡中单击"投影"按钮，弹出"类型"对话框，选中"单一"单选按钮，依次选中拉伸特征的棱边，单击"关闭"按钮，如图 1-2-11 所示。

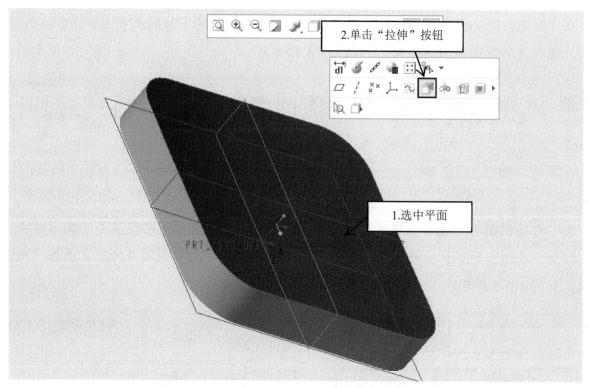

图 1-2-10　选中平面

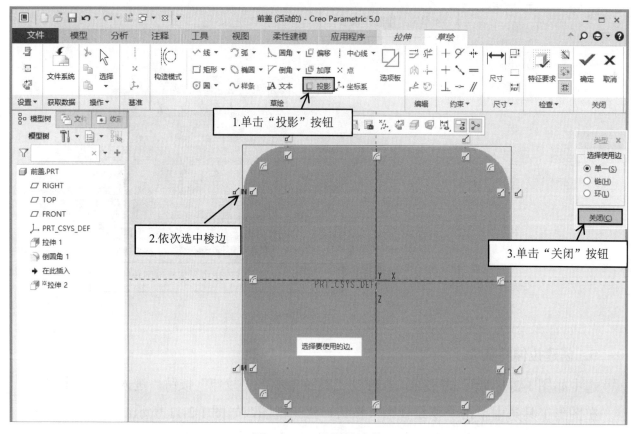

图 1-2-11　投影轮廓线

在"草绘"选项卡中单击"偏移"按钮，弹出"类型"对话框，选中"环"单选按钮，选中投影的轮廓线，将偏移值设置为-1，单击"确定"按钮，完成偏移操作，如图 1-2-12 所示。

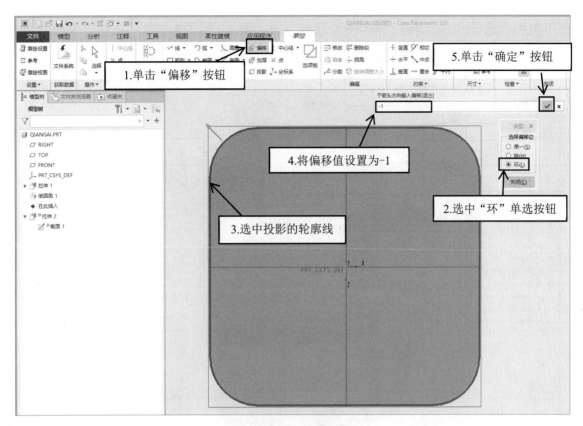

图 1-2-12　偏移操作

在"草绘"选项卡中单击"矩形"按钮，绘制如图 1-2-13 所示的矩形，矩形的长度和宽度均大于 23，单击"确定"按钮。

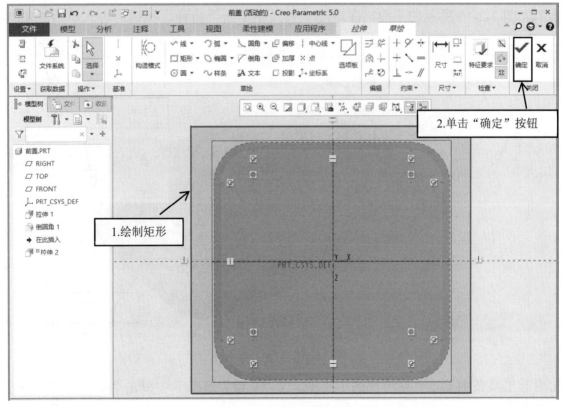

图 1-2-13　绘制矩形

在"拉伸"选项卡中，将拉伸深度设置为 2.50，单击"拉伸方向"按钮，调整拉伸方向，单击"移除材料"按钮，单击"确定"按钮，完成拉伸切除操作，如图 1-2-14 所示。

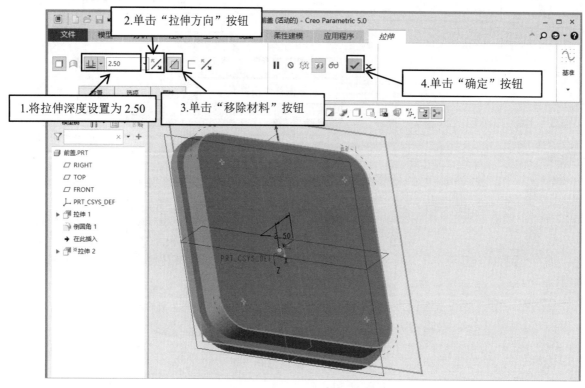

图 1-2-14　拉伸切除操作

6. 创建拉伸特征 3

选中如图 1-2-15 所示的平面，在浮动工具条中单击"拉伸"按钮，进入草绘编辑界面。

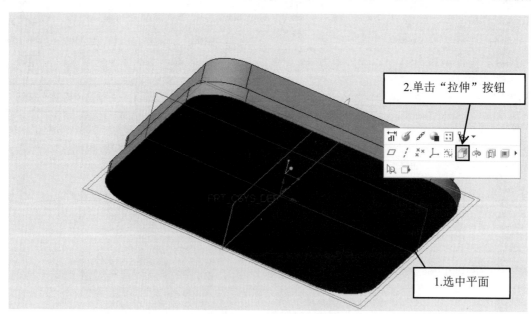

图 1-2-15　选中平面

在图形工具条中单击"草绘视图"按钮。在"草绘"选项卡中单击"草绘设置"按钮，弹出"草绘"对话框，单击"草绘视图方向"后的"反向"按钮，摆正视图，单击"草绘"按钮，如图 1-2-16 所示。

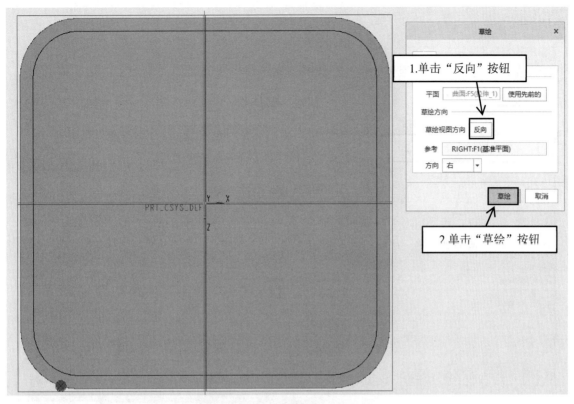

图 1-2-16　调整草绘视图方向

使用中心线、矩形、镜像命令绘制草绘，如图 1-2-17 所示，单击"确定"按钮。

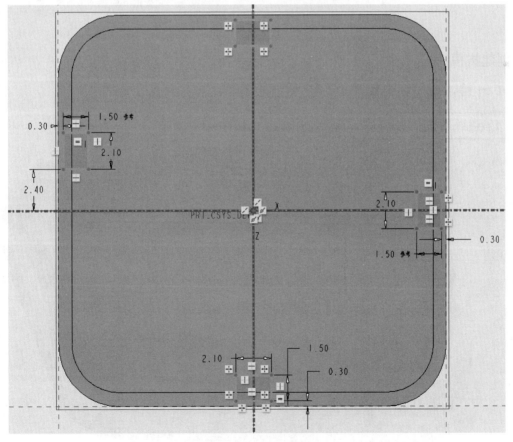

图 1-2-17　绘制草绘

在"拉伸"选项卡中，将拉伸深度设置为 4.20，单击"确定"按钮，完成拉伸操作，如

图 1-2-18 所示。

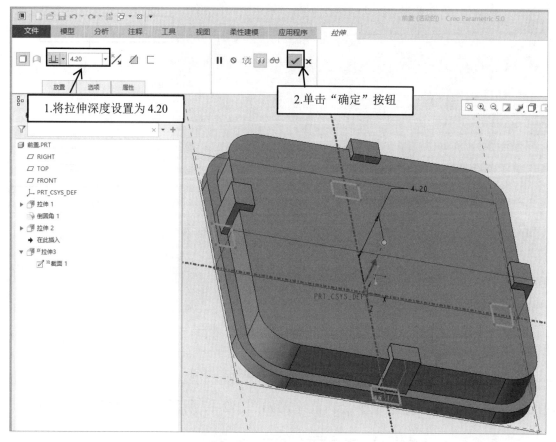

图 1-2-18　拉伸操作

7．创建拔模特征

按住 Ctrl 键，依次选中如图 1-2-19 所示的侧面。

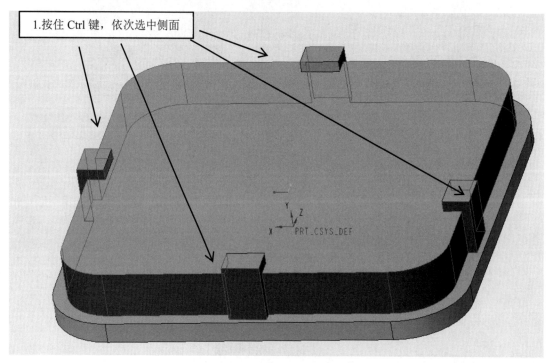

图 1-2-19　选中侧面

在"模型"选项卡中单击"拔模"按钮，如图 1-2-20 所示，进入拔模编辑界面。

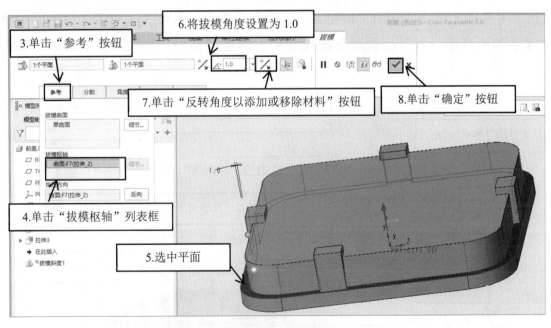

图 1-2-20　单击"拔模"按钮

单击"参考"按钮，在弹出的下拉列表中单击"拔模枢轴"列表框中的"单击此处添加项"按钮，选中如图 1-2-21 所示的平面，将拔模角度设置为 1.0，单击"反转角度以添加或移除材料"按钮调整拔模方向，单击"确定"按钮，完成拔模操作。

图 1-2-21　拔模操作

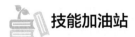 **技能加油站**

拔模特征

拔模通常指的是在制造过程中，特别是注塑、铸造或机械加工中，为了使成品能够从模具或夹具中容易取出，而在设计模型时对模型的侧面进行斜度设计。拔模斜度的大小和方向取决于具体的制造过程和产品需求。

在使用拔模特征前，需要了解以下几个关键术语。

拔模曲面：要进行拔模的模型曲面。

拔模枢轴：拔模曲面参考的平面或曲线。参考平面需要与拔模曲面相交，而参考曲线必须在要拔模的曲面上。

拖拉方向：指拔模方向，总是垂直于拔模参考平面。

角度：拔模方向与生成的拔模曲面之间的角度。

分割：可以先对拔模曲面进行分割，再为各区域分别定义不同的拔模角度和方向。

1. 根据拔模枢轴创建不分离的拔模特征

在"模型"选项卡中单击"拔模"按钮，如图 1-2-22 所示。

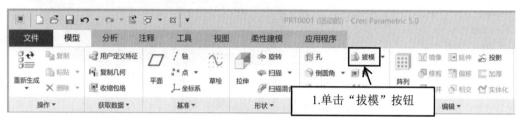

图 1-2-22 单击"拔模"按钮

单击"参考"按钮，在弹出的下拉列表中单击"拔模曲面"列表框中的"选择项"按钮，按住 Ctrl 键，选中需要拔模的曲面。单击"拔模枢轴"列表框中的"单击此处添加项"按钮，选中拔模参考平面。单击"反向"按钮，调整拔模方向。将拔模角度设置为 10.0，单击"反转角度以添加或移除材料"按钮调整拔模方向，单击"确定"按钮，完成曲面的拔模，如图 1-2-23 所示。

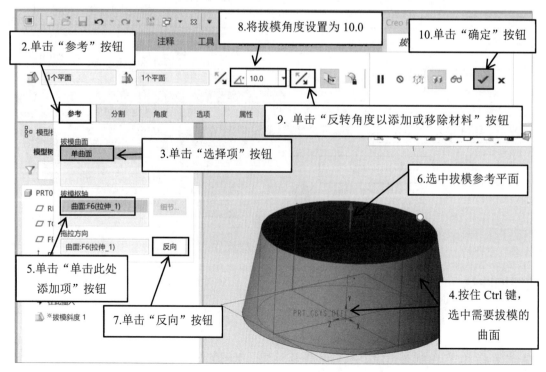

图 1-2-23 曲面的拔模

2. 根据拔模枢轴创建分离的拔模特征

拔模面被拔模枢轴分割成两个拔模侧面（拔模1和拔模2），这两个拔模侧面可以有独立的拔模角度和拔模方向，如图1-2-24和图1-2-25所示。

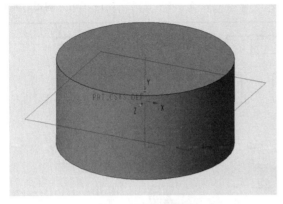

图 1-2-24 拔模前

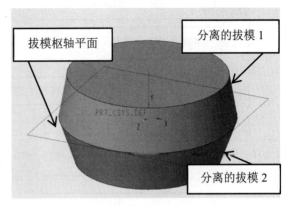

图 1-2-25 拔模后

在"模型"选项卡中单击"拔模"按钮。

单击"参考"按钮，在弹出的下拉列表中单击"拔模曲面"列表框中的"选择项"按钮，按住Ctrl键，选中需要拔模的曲面。单击"拔模枢轴"列表框中的"单击此处添加项"按钮，选中拔模参考平面（TOP平面）。单击"反向"按钮，调整拔模方向，如图1-2-26所示。

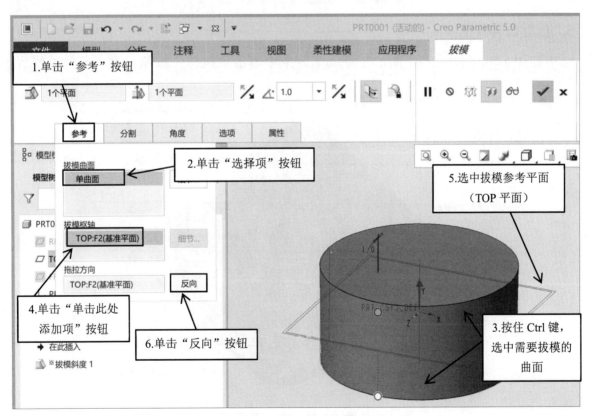

图 1-2-26 创建分离的拔模特征（1）

单击"分割"按钮，在弹出的下拉列表中单击"分割选项"下拉按钮，在弹出的下拉列表中选择"根据拔模枢轴分割"选项。单击"侧选项"下拉按钮，在弹出的下拉列表中选择"独立拔模侧面"选项。将拔模1的拔模角度设置为10.0，调整拔模1的拔模方向。将拔模2的拔模角度设置为 20.0, 调整拔模 2 的拔模方向, 单击"确定"按钮, 完成曲面的拔模, 如图 1-2-27 所示。

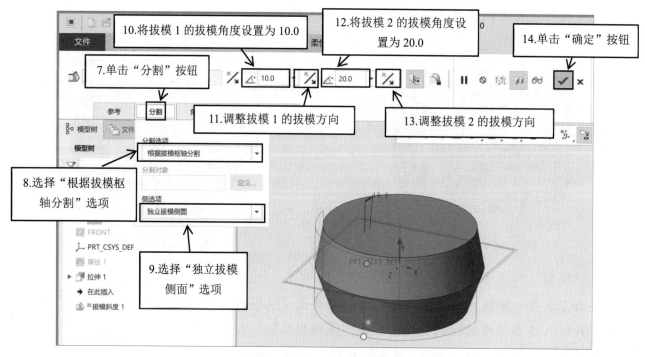

图 1-2-27　创建分离的拔模特征（2）

8. 创建拉伸特征 4

选中如图 1-2-28 所示的平面, 在浮动工具条中单击"拉伸"按钮, 进入草绘编辑界面。

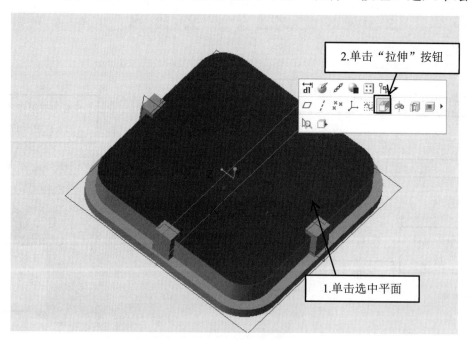

图 1-2-28　选中平面

在图形工具条中单击"草绘视图"按钮, 摆正视图。使用中心线、矩形、镜像命令绘制草绘, 如图 1-2-29 所示, 单击"确定"按钮。

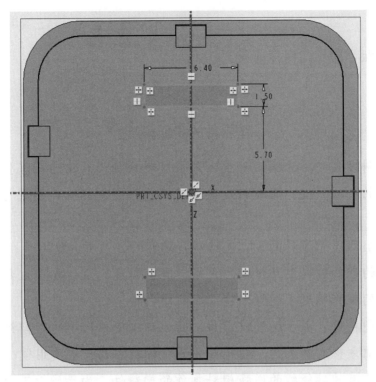

图 1-2-29 绘制草绘

在"拉伸"选项卡中,单击"拉伸方向"按钮,调整拉伸方向,单击"移除材料"按钮,单击"确定"按钮,完成拉伸切除操作,如图 1-2-30 所示。

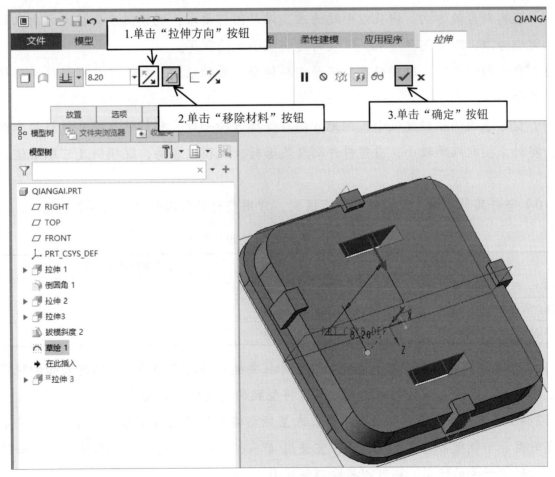

图 1-2-30 拉伸切除操作

9．保存文件

参照任务一的保存操作，保存前盖文件。

 **知识加油站**

塑料件的脱模斜度

塑料件的脱模斜度也被称为拔模斜度，是在塑料模具设计中为确保塑料制品能够顺利从模具中脱出而设置的一种斜度。脱模斜度通常应用于塑料制品的侧壁或与脱模方向有一定角度的表面。

脱模斜度的大小取决于多种因素，包括塑料的材料性质（如收缩率、摩擦系数）、制品的形状和尺寸、模具的表面粗糙度及脱模方式等。脱模斜度的设计要点主要有以下几个。

（1）使用较小的脱模斜度才能得到精度高的塑料件。

（2）尺寸大的塑料件，由于脱模较容易，因此可以使用较小的脱模斜度。

（3）如果塑料配方含有润滑剂，则塑料件的脱模较容易，宜使用较小的脱模斜度。

（4）对于使用含有玻璃纤维的增强塑料制作的塑料件，由于摩擦因数较大，宜使用较大的脱模斜度。

（5）对于形状复杂的塑料件，脱模难度往往较大，应使用较大的脱模斜度。

（6）对于收缩率较大的塑料，其与模腔的黏附性较强，须使用较大的脱模斜度。

（7）脱模斜度的方向，内孔以小端为准，满足图样要求，脱模斜度向扩大方向取得。外形则以大端为准，满足图样要求，脱模斜度向偏小方向取得。

（8）在一般情况下，脱模斜度可不受塑料件公差带的限制，但高精度塑料件的脱模斜度应在公差带内。

（9）型芯表面的粗糙度较小，抛光方向与脱模方向一致，塑料件与模具材料的摩擦因数较小，塑料成型收缩率较小，当塑料件刚度足够时，脱模较容易，脱模斜度可取小值。反之取大值。

（10）塑料品种不同，脱模斜度也有区别，常用塑料的脱模斜度如表 1-2-1 所示。

表 1-2-1　常用塑料的脱模斜度

塑料	推荐的脱模斜度
ABS、PA、POM、硬 PVC	40′ ～1°30′
PP、PE、软 PVC	30′ ～1°
PC、PMMA、PC+ABS、PS	40′ ～1°50′

（11）如果塑料件内外侧都有脱模斜度，并且要塑料件留在型芯上，则内表面的脱模斜度应小于外表面，甚至不设计脱模斜度，或者将型腔的脱膜斜度加大些。

（12）当塑料件沿脱模方向上有几个孔或呈矩形格子状使脱模阻力较大时，宜使用 4°～5° 的脱模斜度。当侧壁带有皮革花纹时，宜使用 4°～6° 的脱模斜度。在一般情况下，如果脱模斜度不妨碍塑料件的使用，则可以将脱模斜度取大些。

（13）如果脱模斜度很小，脱模阻力会增大，甚至难以脱模。在一般情况下，不能小于最小脱模斜度，以防塑料件留模。

（14）对于深腔塑料件，不但要求内外表面有足够的脱模斜度，而且要求内壁面的脱模斜度大于外壁面的脱模斜度，这样可以保证底部密度，如图 1-2-31 所示。

图 1-2-31　深腔塑料件

技巧提示：塑料产品在进行结构设计时，严格来说所有的脱模斜度都要做出，但在实际工作中，重要面的脱模斜度一定要做出，非重要面的脱模斜度一般无须做出，模具设计人员会根据公司内定标准做出脱模斜度。

塑料件的圆角设计

在设计塑料件时，壁与壁的连接处、塑胶熔体流动的方向上、壁与加强筋或卡扣或支柱的连接处等，都应当避免尖角、直角或缺口的设计，需要把尖角等改成圆角，这就是塑料件圆角设计原则。

圆角设计主要是为了避免注塑时应力集中，便于脱模，提高产品强度，改善塑料件的流动情况，以及提高模具强度。

塑料件的圆角设计主要遵循以下几个标准。

（1）内侧圆角的设计标准：在无特殊设计要求时，内侧圆角的大小通常为外壳料厚的 0.5～1.5 倍，最小设计要求为 0.3mm，如图 1-2-32 和图 1-2-33 所示。

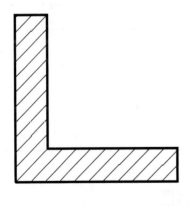

图 1-2-32　原始设计

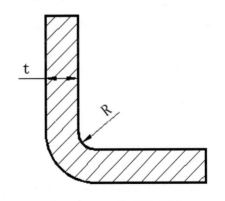

图 1-2-33　改进的设计

（2）外表面圆角的设计标准：产品内外表面的拐角处设计圆角时，应保持料厚均匀，因此外侧圆角半径等于内侧圆角半径加上料厚。产品的外观面能接触到的地方不允许有尖角利边，必要时要进行倒圆角处理，圆角半径不应小于 0.3mm，如图 1-2-34 所示。

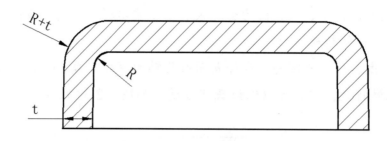

图 1-2-34　内外圆角与材料厚度的关系

（3）在进行塑料件产品结构设计时，要注意模具的分型面不要有圆角，除非产品有特别要求。如果分型面有圆角，则会增加模具制作的难度，在产品的外面也会留下夹线痕迹，影响外观。

> **技巧提示：**建模最后才进行倒圆角，一般先对重要的边进行倒圆角，再对不重要的边进行倒圆角。

圆角可以使用边圆角多打几次，不要一次性打完所有圆角，因为这样不容易控制和修改。

遵循这些标准，可以有效地进行塑料件的圆角设计，提高产品的质量和生产效率。

任务评价表

任务二　前盖建模						
序号	检测项目	配分	评分标准	自评	组评	师评
1	拉伸特征 1	15	该特征是否正确			
2	倒圆角	10	该特征是否正确			
3	拉伸特征 2	15	该特征是否正确			
4	拉伸特征 3	15	该特征是否正确			
5	拔模特征	30	该特征是否正确			
6	拉伸特征 4	15	该特征是否正确			
7	合计					
互评学生姓名						

任务三　后盖建模

操作视频

参照前盖建模方法，完成后盖建模，后盖零件图如图 1-3-1 所示。

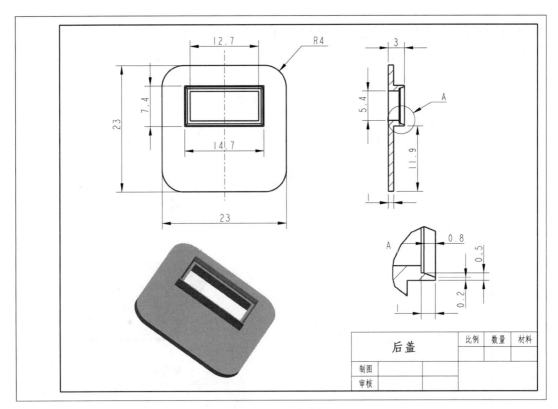

图 1-3-1　后盖零件图

操作视频

任务四　其他配件建模

参照前面所学的建模方法，完成插头建模，插头零件图如图 1-4-1 所示。

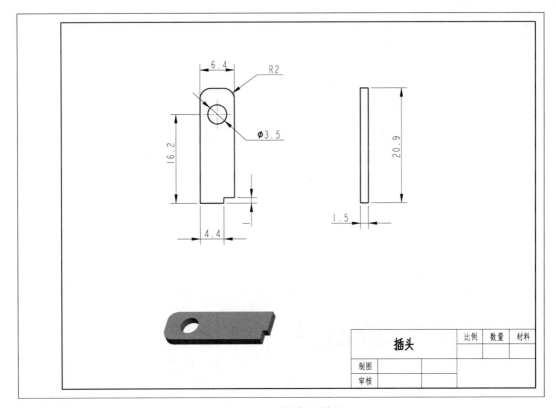

图 1-4-1　插头零件图

参照前面所学的建模方法，完成电路板建模，电路板零件图如图 1-4-2 所示。

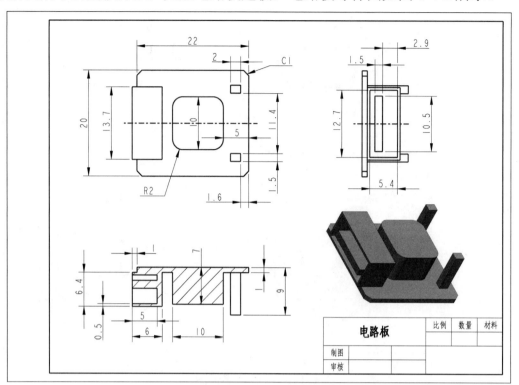

图 1-4-2　电路板零件图

操作视频

任务五　插头工程图

完成插头工程图的制图，如图 1-5-1 所示。

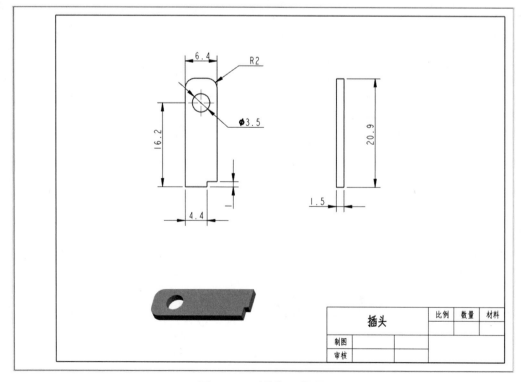

图 1-5-1　插头工程图

1．创建文件

（1）启动 Creo，在工具栏中单击"打开"按钮，弹出"打开"对话框，选择"插头.prt"文件，插头模型如图 1-5-2 所示。

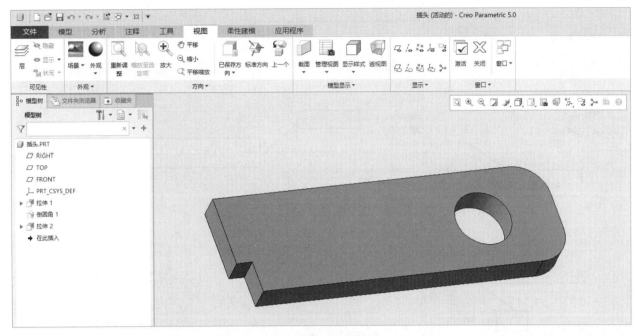

图 1-5-2　插头模型

（2）在工具栏中单击"新建"按钮，弹出"新建"对话框，在"类型"列表框中选中"绘图"单选按钮，在"文件名"文本框中输入"插头"，取消勾选"使用默认模板"复选框，最后单击"确定"按钮，如图 1-5-3 所示，弹出"新建绘图"对话框。

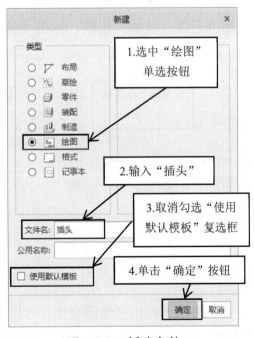

图 1-5-3　新建文件

（3）在"新建绘图"对话框的"指定模板"选区中选中"格式为空"单选按钮，单击"浏览"按钮，在弹出的"打开"对话框中选择"a4 工程图.frm"文件，单击"打开"按钮，单击

"确定"按钮，如图 1-5-4 所示。

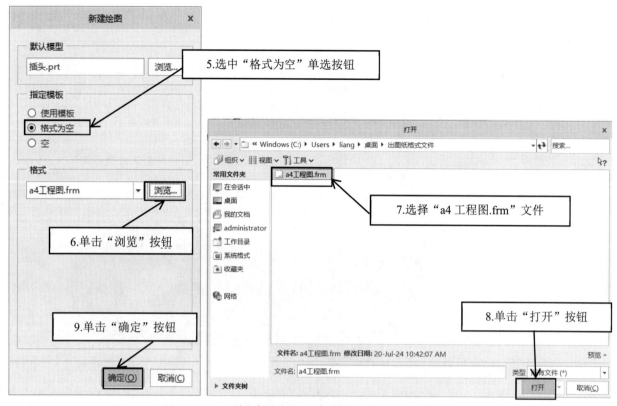

图 1-5-4　"新建绘图"对话框和"打开"对话框

2．创建视图

1）创建一般视图

（1）在"布局"选项卡中单击"普通视图"按钮，如图 1-5-5 所示，弹出"选择组合状态"对话框，如图 1-5-6 所示，选择"无组合状态"选项，单击"确定"按钮。

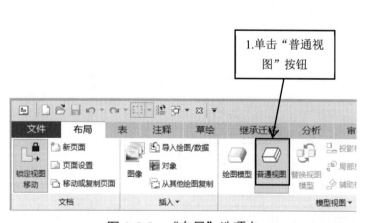

图 1-5-5　"布局"选项卡

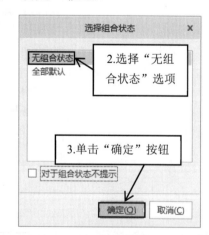

图 1-5-6　"选择组合状态"对话框

（2）在图纸左上角的空白位置单击，弹出"绘图视图"对话框，在"类别"列表框中选择"视图类型"选项，在"模型视图名"列表框中选择"BOTTOM"选项，单击"应用"按钮，如图 1-5-7 所示。在"选择定向方法"选区中选中"角度"单选按钮，将"角度值"设置为 90，单击"应用"按钮，如图 1-5-8 所示。

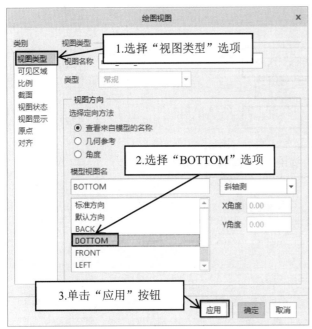

图 1-5-7　选择"BOTTOM"选项

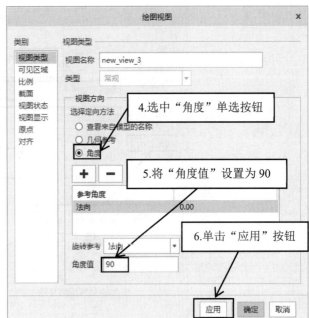

图 1-5-8　将"角度值"设置为 90

（3）修改视图比例。在"类别"列表框中选择"比例"选项，选中"自定义比例"单选按钮，将比例值设置为 3，单击"应用"按钮，如图 1-5-9 所示。

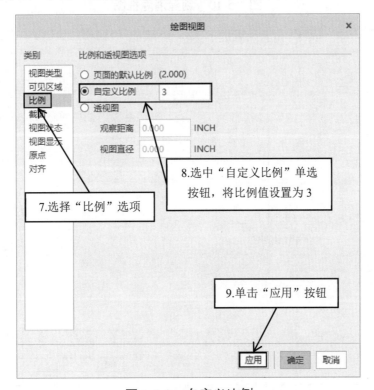

图 1-5-9　自定义比例

（4）创建消隐视图。在"类别"列表框中选择"视图显示"选项，单击"显示样式"下拉按钮，在弹出的下拉列表中选择"消隐"选项，单击"相切边显示样式"下拉按钮，在弹出的下拉列表中选择"无"选项，如图 1-5-10 所示，单击"确定"按钮，消隐视图如图 1-5-11 所示。

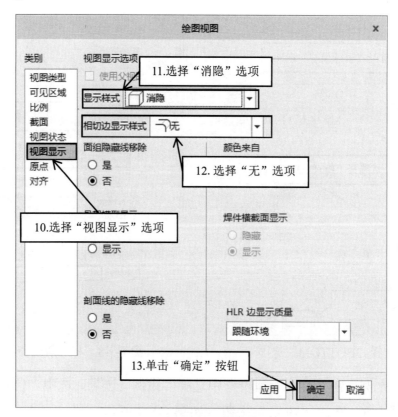

图 1-5-10　创建消隐视图

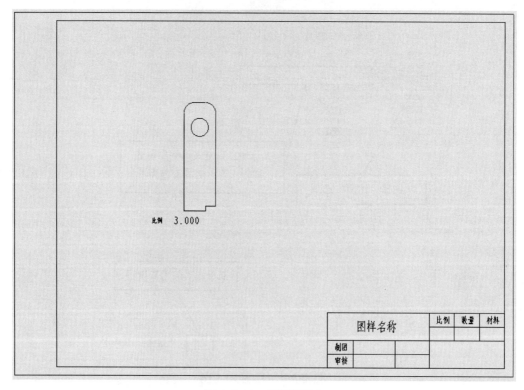

图 1-5-11　消隐视图

2）创建投影视图

　　单击一般视图，在系统自动弹出的快捷工具条中单击"投影视图"按钮，如图 1-5-12 所示。将投影框移动到一般视图的右侧，在适当位置单击以放置投影视图（左视图），如图 1-5-13 所示。

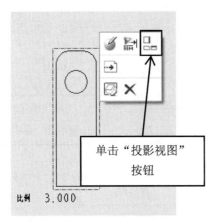

图 1-5-12 单击"投影视图"按钮

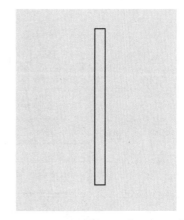

图 1-5-13 投影视图（左视图）

3）放置辅助视图

在"布局"选项卡中单击"普通视图"按钮，弹出"选择组合状态"对话框，选择"无组合状态"选项，单击"确定"按钮。

在图纸左上角的空白位置单击，弹出"绘图视图"对话框，在"类别"列表框中选择"视图类型"选项，单击"默认方向"下拉按钮，在弹出的下拉列表中选择"斜轴测"选项，单击"确定"按钮，如图 1-5-14 所示。

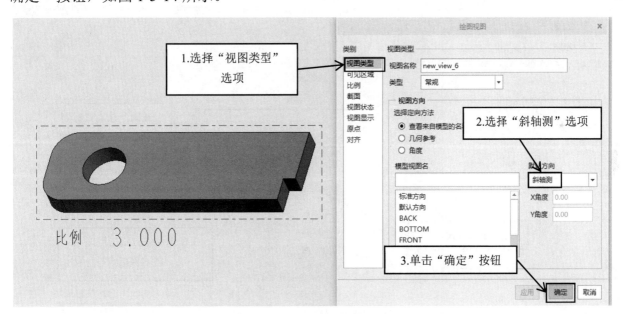

图 1-5-14 辅助视图

3. 绘制孔的中心线

绘制孔的中心线。单击一般视图，在自动弹出的快捷工具条中单击"显示模型注释"按钮，如图 1-5-15 所示。弹出"显示模型注释"对话框，选择"显示模型基准"选项，在"显示模型基准"选项卡中勾选基准显示复选框，单击"确定"按钮，如图 1-5-16 所示。

4. 标注尺寸

（1）标注线型尺寸。在"注释"选项卡中单击"尺寸"按钮，单击需要标注尺寸的左侧的端点，在按住 Ctrl 键的同时单击右侧端点，向上移动鼠标指针，按下鼠标中键，完成线性尺寸的标注，如图 1-5-17 所示。

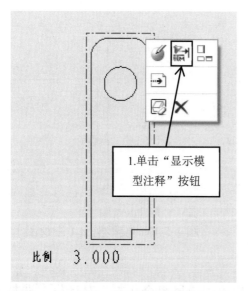

图 1-5-15　单击"显示模型注释"按钮

图 1-5-16　绘制孔的中心线

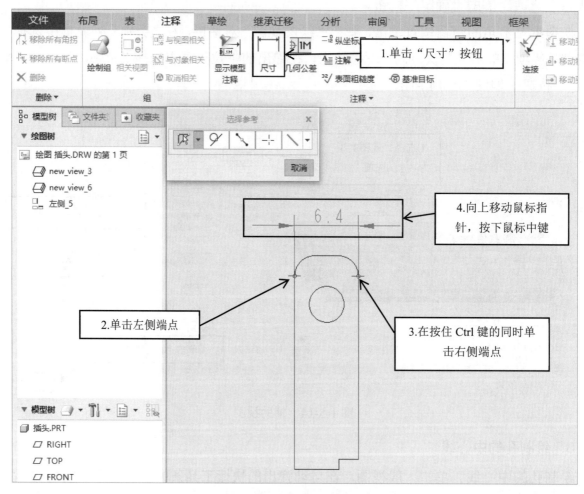

图 1-5-17　标注线型尺寸

（2）标注半径尺寸。在"注释"选项卡中单击"尺寸"按钮，单击视图中的圆弧线段，将鼠标指针移动到适当的位置，按下鼠标中键。在"尺寸"选项卡中单击"显示"按钮，在弹出的"显示"下拉列表中单击"文本方向"下拉按钮，在弹出的下拉列表中选择"IOS-居上-延伸"选项，完成半径尺寸的标注，如图 1-5-18 所示。

（3）标注直径尺寸。在"注释"选项卡中单击"尺寸"按钮，单击图纸中的孔，将鼠标指针移动到适当的位置并右击，在弹出的快捷菜单中选择"直径"命令，单击鼠标中键完成直径尺寸的标注，如图 1-5-19 所示。

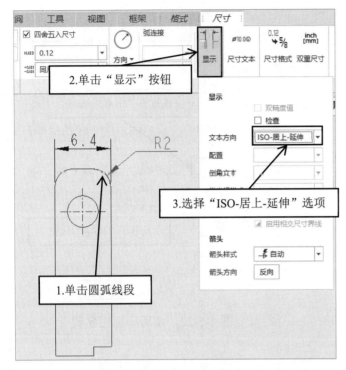

图 1-5-18　标注半径尺寸

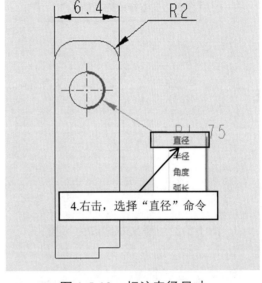

图 1-5-19　标注直径尺寸

5. 填写标题栏

在标题栏中单击"图样名称"表格，系统自动弹出快捷工具条，单击"属性"按钮，如图 1-5-20 所示。

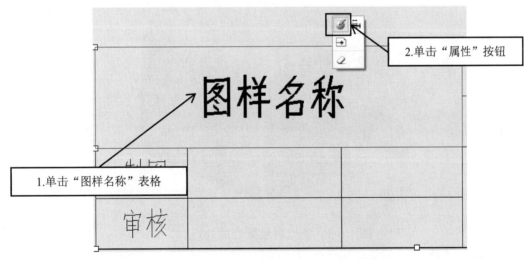

图 1-5-20　单击"图样名称"表格

弹出"注解属性"对话框，在"文本"选项卡中将文本修改为"插头"，如图 1-5-21 所示。选择"文本样式"选项，切换到"文本样式"选项卡，单击"水平"下拉按钮，在弹出的下拉列表中选择"中心"选项，单击"确定"按钮，完成标题栏名称的填写，如图 1-5-22 所示。

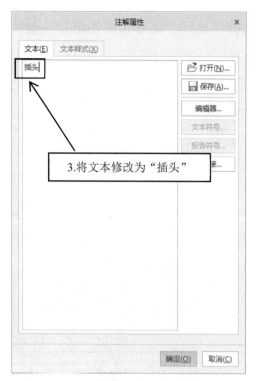

图 1-5-21 将文本修改为"插头"

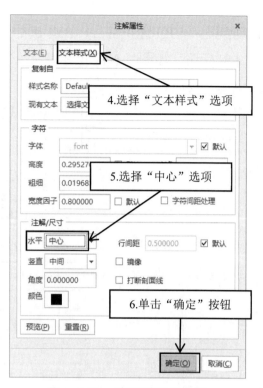

图 1-5-22 填写标题栏名称

任务六 充电器的装配

完成充电器的装配，装配后的外观如图 1-6-1 所示。

操作视频

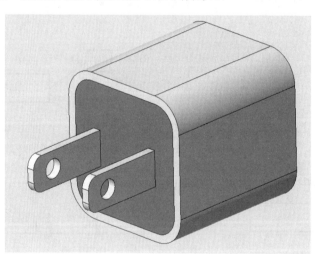

图 1-6-1 充电器装配后的外观

1. 新建文件

（1）启动 Creo，在"主页"选项卡中单击"新建"按钮，弹出"新建"对话框。在"类型"列表框中选中"装配"单选按钮，在"文件名"文本框中输入"充电器"，取消勾选"使用默认模板"复选框，单击"确定"按钮，如图 1-6-2 所示，弹出"新文件选项"对话框。

（2）在"新文件选项"对话框的"模板"列表框中选择"mmns_asm_design"选项，单击"确定"按钮，如图 1-6-3 所示。

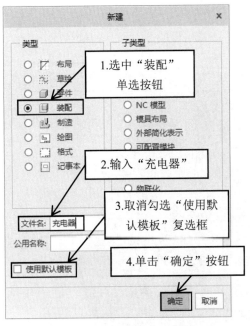

图 1-6-2 "新建"对话框

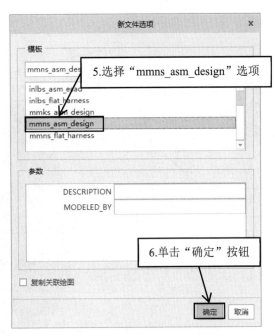

图 1-6-3 "新文件选项"对话框

2. 组装

（1）固定外壳。在"模型"选项卡中单击"组装"按钮，弹出"打开"对话框，选择"外壳.prt"文件，单击"打开"按钮，如图 1-6-4 所示。导入外壳零件后，在"元件放置"选项卡中单击"约束类型"下拉按钮，在弹出的下拉列表中选择"固定"选项，单击"确定"按钮，完成外壳的固定，如图 1-6-5 所示。

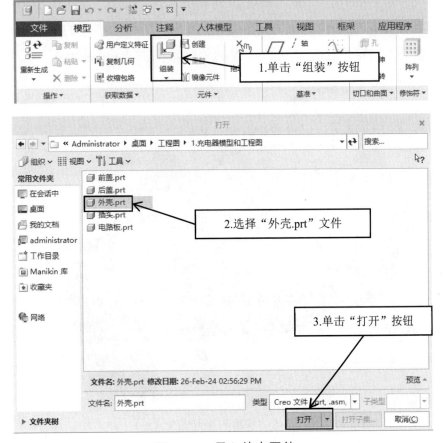

图 1-6-4 导入外壳零件

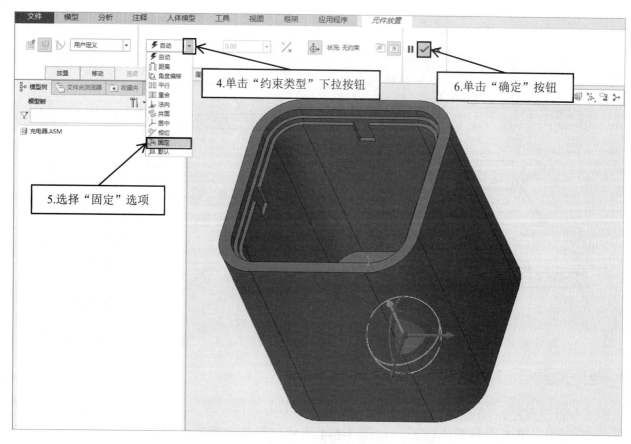

图 1-6-5　固定外壳

（2）后盖的装配。导入后盖零件，选择外壳和后盖的两个侧面，在"元件放置"选项卡中单击"约束类型"下拉按钮，在弹出的下拉列表中选择"重合"选项，如图 1-6-6 所示。分别选择两个相邻的平面进行重合约束，如图 1-6-7 所示。将两个零件的端面进行重合约束，如图 1-6-8 所示。单击"确定"按钮，完成后盖的装配，如图 1-6-9 所示。

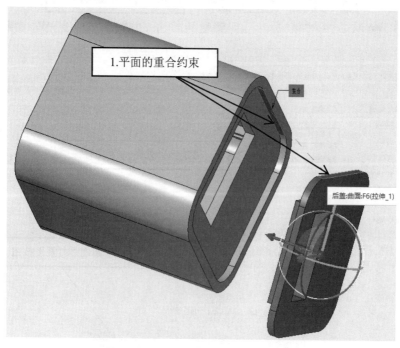

图 1-6-6　平面的重合约束（1）

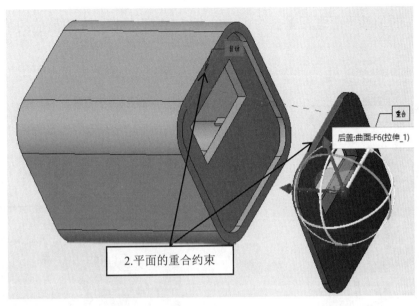

图 1-6-7　平面的重合约束（2）

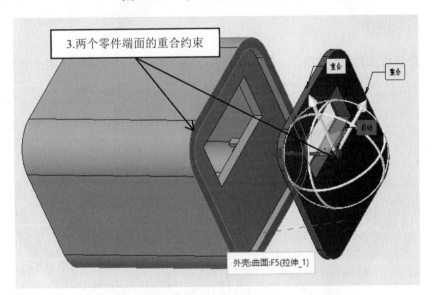

图 1-6-8　两个零件端面的重合约束

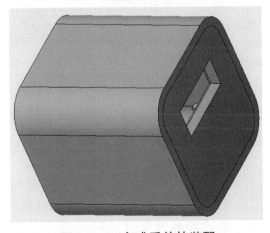

图 1-6-9　完成后盖的装配

（3）前盖的装配。导入前盖零件，先调整前盖的方向，注意两个接口的位置，再将两个接口位置进行重合约束，如图 1-6-10 所示。将两个零件的两个侧面进行重合约束，如图 1-6-11

所示。将两个零件的顶部平面进行重合约束，单击"确定"按钮，完成前盖的装配，如图 1-6-12 所示。

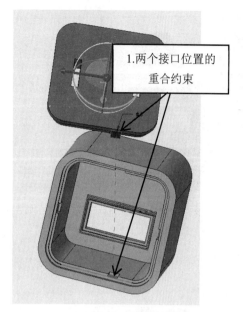

图 1-6-10　两个接口位置的重合约束

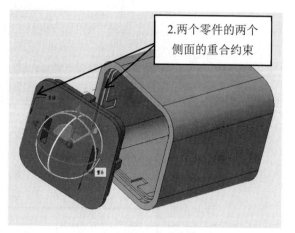

图 1-6-11　两个零件的两个侧面的重合约束

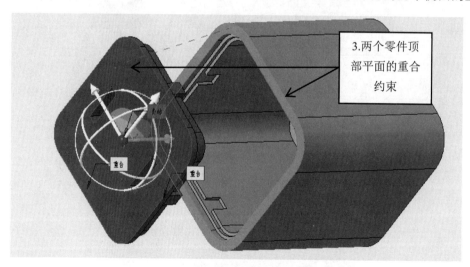

图 1-6-12　两个零件顶部平面的重合约束

（4）电路板的装配。导入电路板零件，在"模型树"选项卡中选中"外壳.PRT"模型，弹出工具条，单击"隐藏"按钮，隐藏外壳零件，如图 1-6-13 所示。选择两个零件的端面进行重合约束，如图 1-6-14 所示。选择两个零件的侧面进行重合约束，如图 1-6-15 所示。选择两个相邻的平面进行重合约束，如图 1-6-16 所示。单击"确定"按钮，完成电路板的装配。

（5）插头的装配。导入插头零件，选择插头的上平面和前盖方孔的窄平面进行重合约束，如图 1-6-17 所示。选择插头的上侧面和前盖方孔的侧面进行重合约束，如图 1-6-18 所示。选择插头的顶面和后盖的端面，在"元件放置"选项卡中单击"约束类型"下拉按钮，在弹出的下拉列表中选择"距离"选项，将距离设置为 44.30，单击"确定"按钮，完成插头的装配，如图 1-6-19 所示。

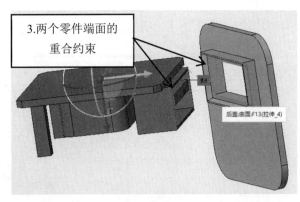

图 1-6-13　隐藏外壳零件

图 1-6-14　两个零件端面的重合约束

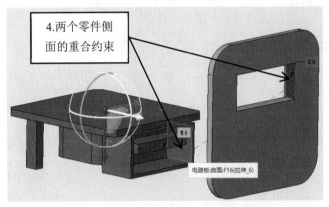

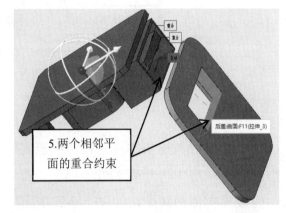

图 1-6-15　两个零件侧面的重合约束

图 1-6-16　两个相邻平面的重合约束

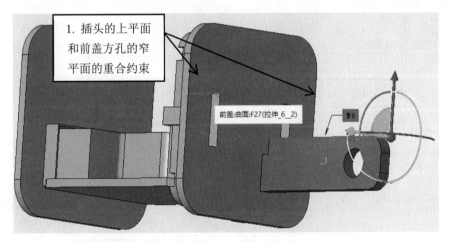

图 1-6-17　插头的上平面和前盖方孔窄平面的重合约束

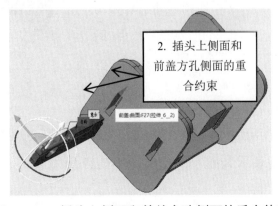

图 1-6-18　插头上侧面和前盖方孔侧面的重合约束

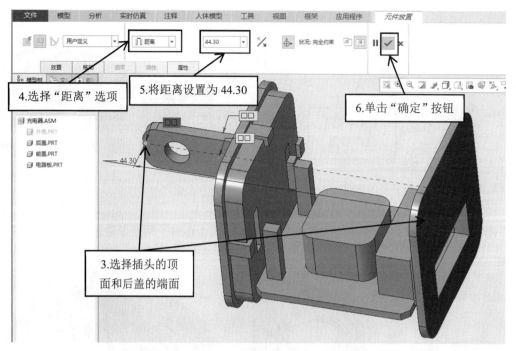

图 1-6-19　插头顶面和后盖端面的距离约束

（6）再次导入插头零件，使用同样的方式，将另一端的插头进行装配，之后，在"模型树"选项卡中选中"外壳.PRT"模型，弹出工具条，单击"显示"按钮，使"外壳"显示出来，完成充电器的装配，如图 1-6-20 所示。

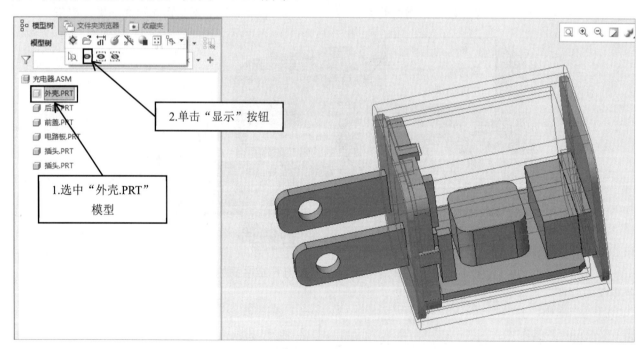

图 1-6-20　显示外壳

3．装配体的干涉检查

在"分析"选项卡中单击"全局干涉"按钮，弹出"全局干涉"对话框，单击"预览"按钮，如果没有错误提示，则表示装配正确，如图 1-6-21 所示。

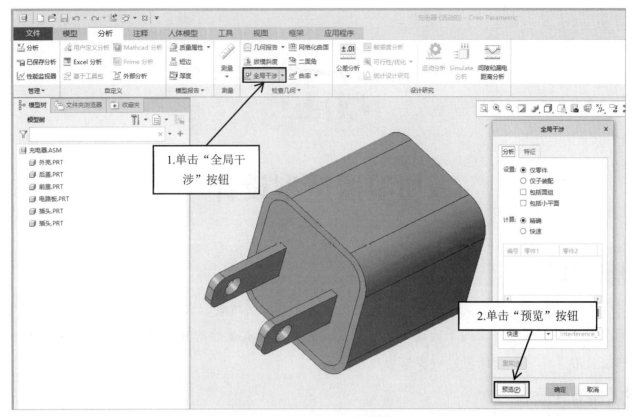

图 1-6-21 装配体的干涉检查

拓展任务 充电器 3D 打印

扫码查阅

项目二

加湿器造型设计

项目描述

加湿器的主要功能是调节室内的湿度，使空气的湿度增加，从而让使用者感到呼吸顺畅、舒适。本项目通过自顶向下的建模流程，使读者学习目前流行的建模理念，同时使用旋转、扫描、唇等命令，使读者进一步掌握建模方法。

项目目标

1. 初步学习自顶向下的设计方法；
2. 理解构建骨架模型的基本要求；
3. 掌握旋转、唇、扫描等操作方法；
4. 掌握塑料件止口设计的基本要求。
5. 培养学生对产品结构设计的热爱。

项目完成效果

加湿器三维造型设计效果图如图 2-1-1 所示。

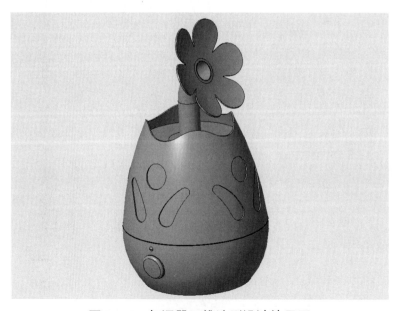

图 2-1-1　加湿器三维造型设计效果图

项目导读

申文杰：从职校生到结构工程师，他用匠心致青春。

从职业院校的新生，到一名高新技术企业的结构工程师，从刚接触专业时"听不懂课"的懵懂，到主导多个重要项目的从容，需要经历多久的磨炼？

2018 年，成绩不太理想的申文杰成为一名职业院校的学生，从此踏上了"工匠"成长之路。跟不上学习节奏、听不懂课是职业院校学习生涯带给他的最初困扰，但自律和永不服输的性格，很快就将这份"困扰"化于无形。"先做人，后做事""心态放平，尽力就好"这些话语也一直激励他努力前行。

2023 年，申文杰入职湖南省福德电气有限公司，主要负责负载、柴发、储能等各类集装箱生产图纸的绘制、产品的结构优化等工作。结构设计是机械设计的基本内容之一，在产品形成过程中起着至关重要的作用。在 9m 负载集装箱项目中，他提出了取消防水门背部大封板、采用加强筋方式固定结构的建议，这一改动不仅优化了产品结构，还显著降低了加工成本。看到自己参与设计、跟进的产品成功投入市场，并得到客户的认可，是申文杰最幸福的时刻。有难题就解决！有硬骨头就啃！申文杰带领他的团队克服了一个又一个的技术难题，成为一名优秀的产品结构设计师。

操作视频

任务一 骨架建模

完成加湿器骨架建模，如图 2-1-2 所示。

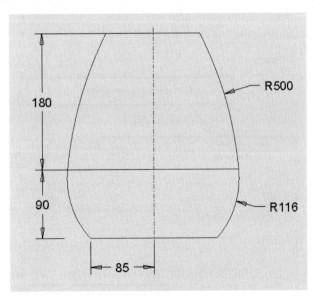

图 2-1-2 加湿器骨架的尺寸

1. 创建加湿器总装配文件

启动 Creo，在"主页"选项卡中单击"新建"按钮，在弹出的"新建"对话框中选中"装配"单选按钮，在"文件名"文本框中输入"加湿器"，取消勾选"使用默认模板"复选框，单击"确定"按钮，如图 2-1-3 所示，弹出"新文件选项"对话框。

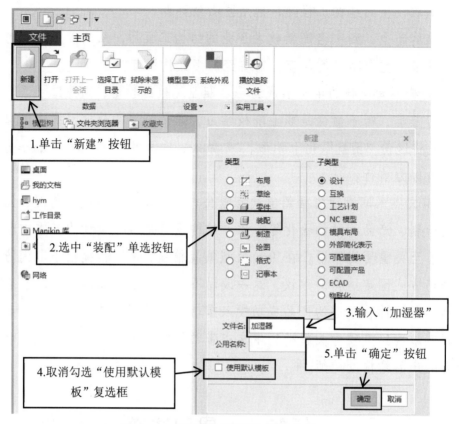

图 2-1-3　创建加湿器总装配文件

在"新文件选项"对话框的"模板"列表框中选择"mmns_asm_design"选项，单击"确定"按钮，如图 2-1-4 所示。

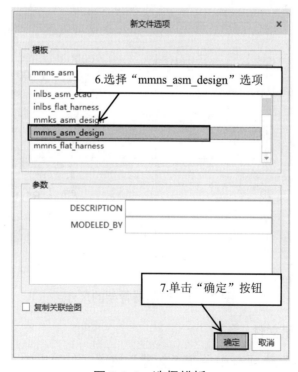

图 2-1-4　选择模板

2．加湿器骨架建模

1）创建骨架模型文件

在"模型"选项卡中单击"创建"按钮，在弹出的"创建元件"对话框中选中"骨架模型"单选按钮，在"文件名"文本框中输入"加湿器_SKEL"，单击"确定"按钮，如图 2-1-5 所示，弹出"创建选项"对话框。在"创建选项"对话框中选中"从现有项复制"单选按钮，单击"浏览"按钮，弹出"打开"对话框，选择"mmns_part_solid.prt"文件，单击"确定"按钮，如图 2-1-6 所示，完成加湿器骨架模型文件的创建。

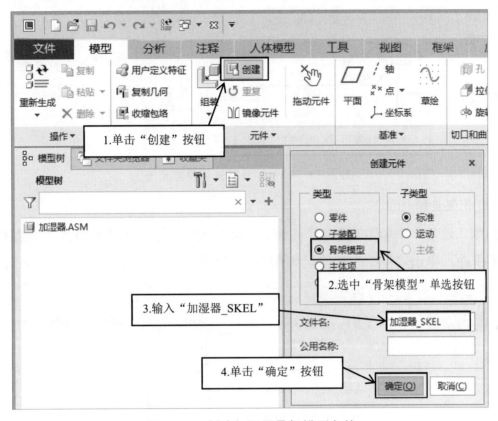

图 2-1-5 创建加湿器骨架模型文件

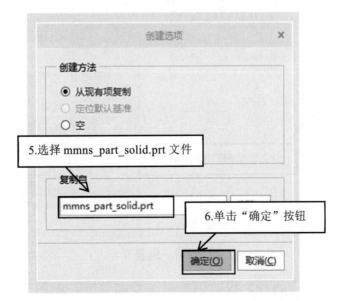

图 2-1-6 选择"mmns_part_solid.prt"公制模板文件

打开加湿器骨架模型文件。在"模型树"选项卡中选中"加湿器_SKEL.PRT"模型，弹出工具条，单击"打开"按钮，如图 2-1-7 所示。

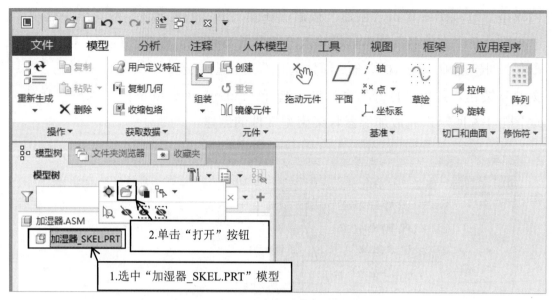

图 2-1-7　打开加湿器骨架模型文件

2）创建骨架旋转特征

在"模型"选项卡中单击"草绘"按钮，在弹出的"草绘"对话框中将"草绘平面"设置为 FRONT 平面，单击"草绘"按钮，如图 2-1-8 所示。

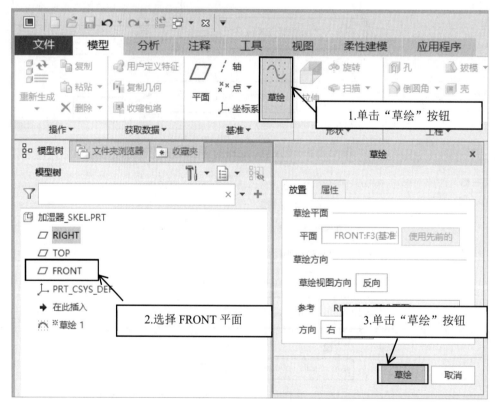

图 2-1-8　创建草绘

在草绘视图中，使用中心线、线、弧等命令绘制草绘，如图 2-1-9 所示，单击"确定"按钮。

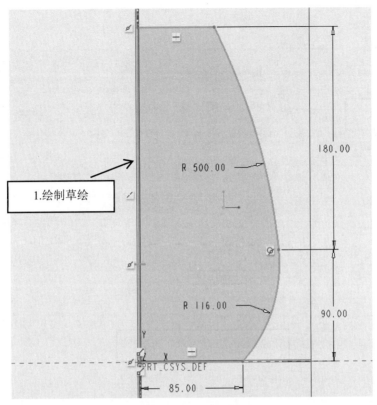

图 2-1-9　绘制草绘

在"模型"选项卡中单击"旋转"按钮，打开旋转编辑界面，单击"作为实体旋转"按钮，将旋转角度设置为 360.0，单击"确定"按钮，完成骨架旋转特征的创建，如图 2-1-10 所示。

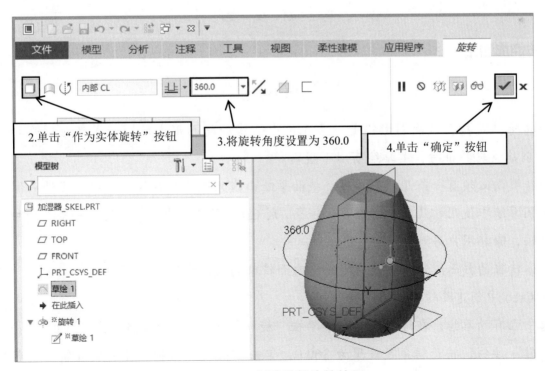

图 2-1-10　创建骨架旋转特征

3）保存文件

单击"保存"按钮，弹出"保存对象"对话框，选择"工作目录"选项，单击"确定"按钮，如图 2-1-11 所示。

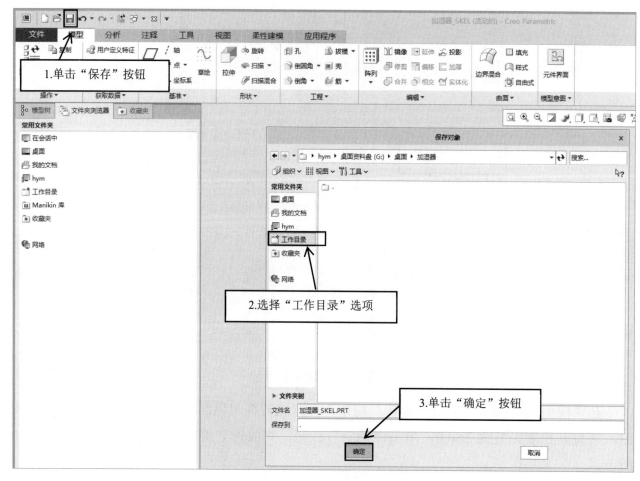

图 2-1-11　保存文件

技能加油站

旋转特征

旋转特征是指将截面图形绕着一条几何中心线旋转而形成的圆形或部分圆形特征。在 Creo 中创建旋转特征时，其草绘有以下规则。

旋转截面必须有一条几何中心线，截面草绘曲线只能绘制在该几何中心线的一侧。

如果草绘中使用的几何中心线多于一条，则 Creo 将自动选取草绘的第一条几何中心线作为旋转轴，除非用户另外选取。

实体特征的截面图形必须是封闭的，曲面特征的截面图形可以不封闭。

在 Creo 中创建旋转特征的步骤如下。

选中已有的草绘，在浮动工具栏中单击"旋转"按钮，进入旋转编辑界面。单击"作为实体旋转"按钮，将旋转角度设置为 360.0，单击"确定"按钮，完成旋转特征的创建，如图 2-1-12 和图 2-1-13 所示。

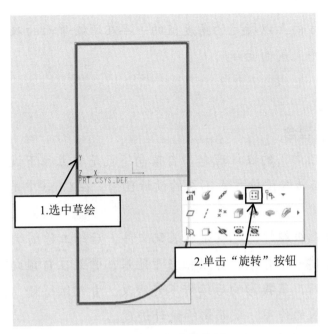

图 2-1-12　选中草绘

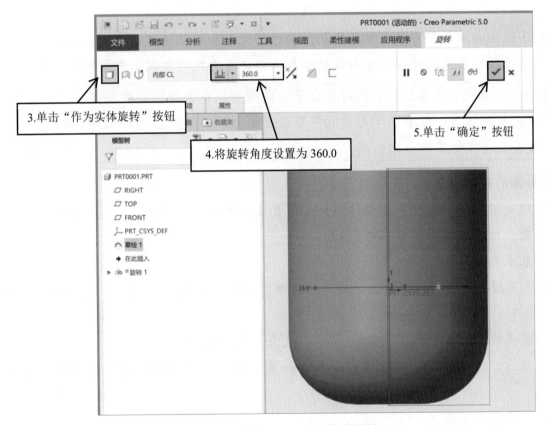

图 2-1-13　创建旋转特征

在 Creo 中，可以创建以下旋转特征。

作为实体旋转□。

加厚草绘□（在"作为实体旋转"的前提下才能选中）。

作为曲面旋转□。

特征旋转的角度类型有以下 3 种。

从草绘平面以指定角度旋转□。

在草绘平面的两个方向上以指定的角度值的一半在草绘平面的双侧旋转 ⊟。

旋转至选定的点、平面或曲面 ⊥。

知识加油站

1. 自顶向下的设计理念

本项目采用的是自顶向下的设计理念。自顶向下就是从上往下设计，是交互式设计软件的一大特色，也是一种与传统设计方式不同的设计理念。在 Creo 中是如何实现自顶向下设计的呢？

（1）首先创建一个顶级组件，也就是总装配文件，后续工作围绕这个构架展开。

（2）为顶级组件创建一个骨架，骨架相当于地基，骨架在自顶向下设计理念中是最重要的部分，骨架做得好不好，直接影响后续好不好修改。骨架做得好，则事半功倍，骨架做得不好，不仅没有起到地基的作用，反而影响设计进度。

（3）创建子组件，并且在子组件中创建零件，所有子组件和零件按默认装配方式进行装配。

（4）所有子组件的主要零件参照骨架绘制，其外形大小和装配位置由骨架来控制。

（5）如果需要改动零件的外形尺寸和装配位置，则只需要改动骨架，重生零件即可。

> **技巧提示**：自顶向下的设计最大的好处在于方便修改，骨架模型能控制整个产品的外形尺寸和零件的装配位置，读者在学习过程中要反复揣摩，并且学会这种实用且先进的设计理念，以便提高在实际工作中的效率。

2. 构建骨架的基本要求

骨架在自顶向下的设计中具有重要作用，骨架要清晰明了，方便修改，线与面之间的参照与参考要正确，切忌线与面相互参照。

构建骨架基本要求如下。

（1）外观曲面模具不走行位（行位又被称为滑块，是模具解决倒扣的机构），拔模角度不低于 3°。

（2）要求前壳能偏面（抽壳）不低于 3mm，底壳不低于 3mm。

（3）尺寸要方便修改，外形尺寸要能加长、加宽、加厚至少 2mm，零件重生后特征不失败。

（4）零碎曲面要尽可能少。

构建骨架的基本步骤如下。

（1）绘制外形曲线。

（2）构建前壳曲面。

（3）构建底壳曲面。

（4）构建公共曲面。

（5）绘制前壳其他曲线。

（6）绘制底壳其他曲线。

（7）绘制左右前后侧面曲线。

任务评价表

任务一　骨架建模						
序号	检测项目	配分	评分标准	自评	组评	师评
1	旋转草绘	40	草绘是否符合图纸尺寸要求			
2	旋转曲面特征	40	特征是否符合图纸尺寸要求			
3	保存文件	20	是否有其他问题，酌情配分			
4			合计			
互评学生 姓名						

任务二　下壳建模

操作视频

完成下壳建模，下壳零件图如图 2-2-1 所示。

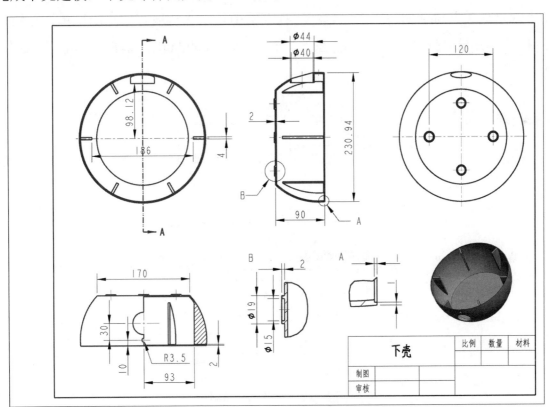

图 2-2-1　下壳零件图

1. 创建下壳零件

打开总装配文件"加湿器.ASM"，在"模型"选项卡中单击"创建"按钮，弹出"创建元件"对话框，选中"零件"单选按钮，在"文件名"文本框中输入"下壳"，单击"确定"按钮，如图 2-2-2 所示。弹出"创建选项"对话框。

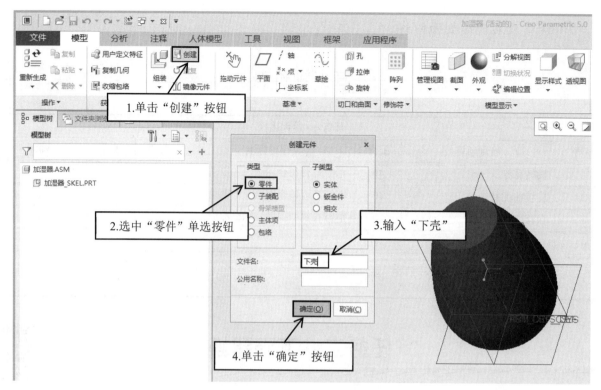

图 2-2-2　创建下壳零件

在"创建选项"对话框的"创建方法"列表框中选中"从现有项复制"单选按钮，单击"浏览"按钮，弹出"打开"对话框，选择"mmns_part_solid.prt"文件，单击"确定"按钮，如图 2-2-3 所示。

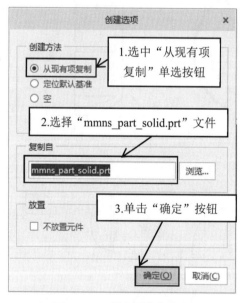

图 2-2-3　设置创建选项

在"元件放置"选项卡中，单击"约束类型"下拉按钮，在弹出的下拉列表中选择"默认"选项，单击"确定"按钮，完成"下壳.PRT"文件的创建，如图 2-2-4 所示。

2. 导入骨架模型文件

在"模型树"选项卡中选中"下壳.PRT"文件并打开，在"模型"选项卡中单击"复制几何"按钮，如图 2-2-5 所示。进入复制几何界面，在"复制几何"选项卡中单击"打开"按钮，弹出"打开"对话框，选择任务一中创建好的加湿器骨架模型文件"加湿器_skel.prt"，单击"打开"按钮，如图 2-2-6 所示。弹出"放置"对话框。

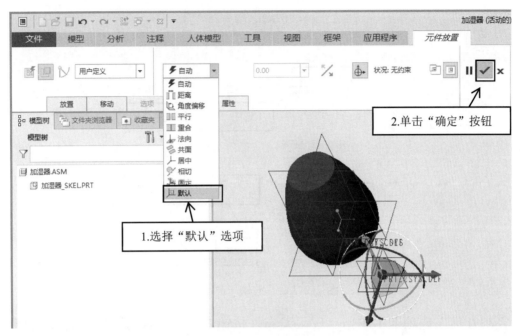

图 2-2-4 完成创建

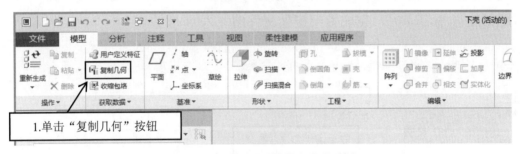

图 2-2-5 单击"复制几何"按钮

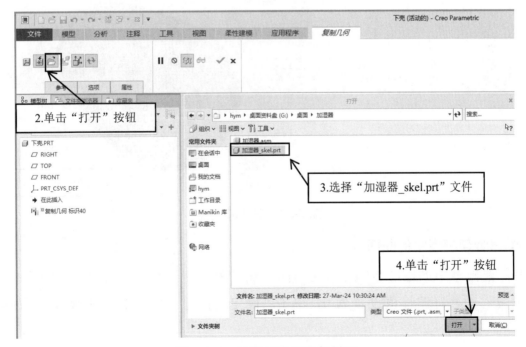

图 2-2-6 打开加湿器骨架模型

在"放置"对话框中选中"默认"单选按钮，单击"确定"按钮，如图 2-2-7 所示，完成"下壳.PRT"文件的创建。

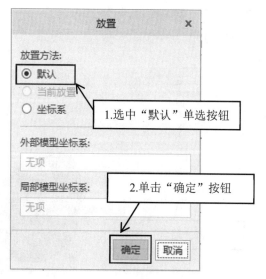

图 2-2-7　"放置"对话框

在"复制几何"选项卡中单击"仅限发布"按钮，弹出骨架模型，按住 Ctrl 键，同时选中骨架模型下半部分的曲面，单击"确定"按钮，如图 2-2-8 所示。在"模型树"选项卡中显示"外部复制几何　标识40"，完成骨架模型文件的导入。

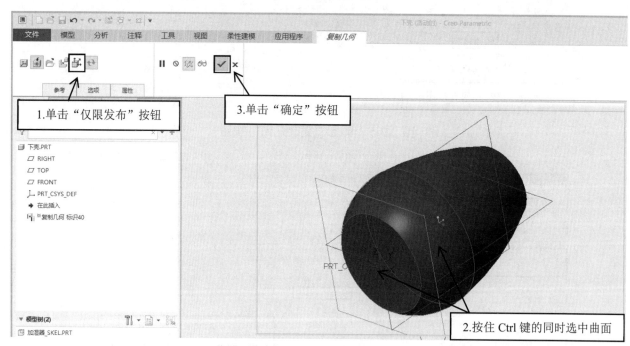

图 2-2-8　复制曲面

3．偏移骨架模型中的曲面

选中骨架模型中如图 2-2-9 所示的曲面，在"模型"选项卡中单击"偏移"按钮。进入偏移编辑界面，将偏移值设置为 0，单击"确定"按钮，如图 2-2-10 所示，完成"偏移1"的创建。

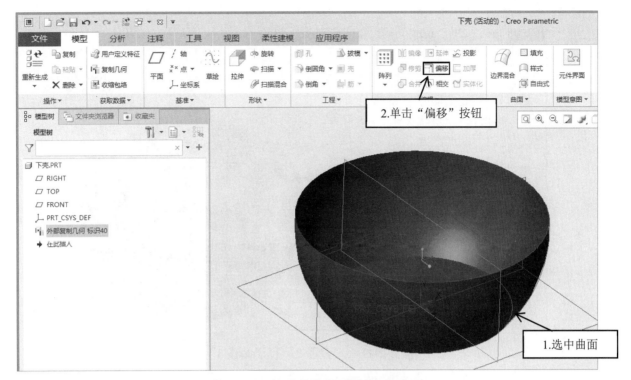

图 2-2-9 偏移骨架模型中的曲面

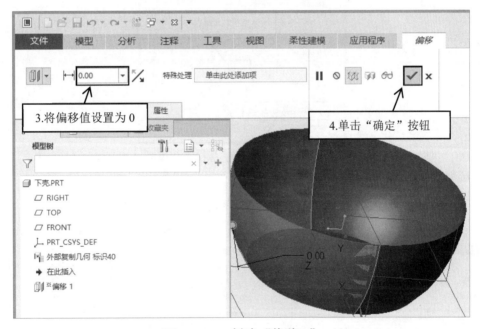

图 2-2-10 创建"偏移 1"

执行前述操作，完成"偏移 2"和"偏移 3"的创建，如图 2-2-11 所示。

4. 隐藏"外部复制几何 标识 40"模型

在"模型树"选项卡中选择"外部复制几何 标识 40"模型，在工具条中单击"隐藏"按钮，如图 2-2-12 所示。

5. 创建 DTM1 平面

在"模型"选项卡中单击"平面"按钮，弹出"基准平面"对话框，先选中 TOP 平面，再选中曲面边，单击"确定"按钮，如图 2-2-13 所示，完成 DTM1 平面的创建。

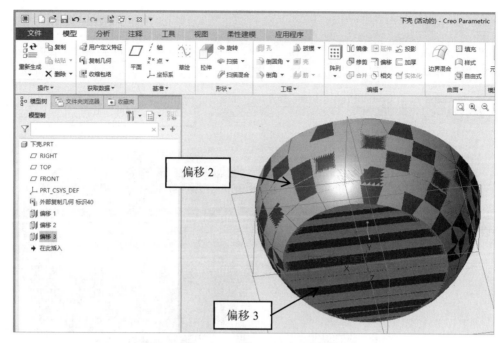

图 2-2-11 "偏移 2"和"偏移 3"

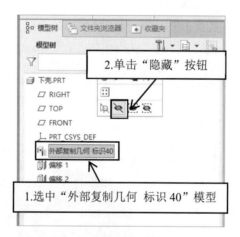

图 2-2-12 隐藏"外部复制几何 标识 40"模型

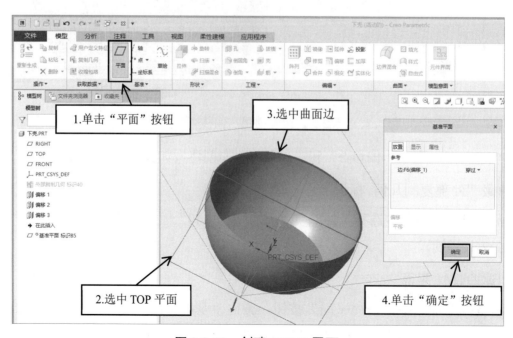

图 2-2-13 创建 DTM1 平面

6. 创建投影草绘

选中 DTM1 平面，在浮动工具条中单击"草绘"按钮，进入草绘编辑界面。在"草绘"选项卡中单击"投影"按钮，依次选中曲面边，单击"确定"按钮，如图 2-2-14 所示。

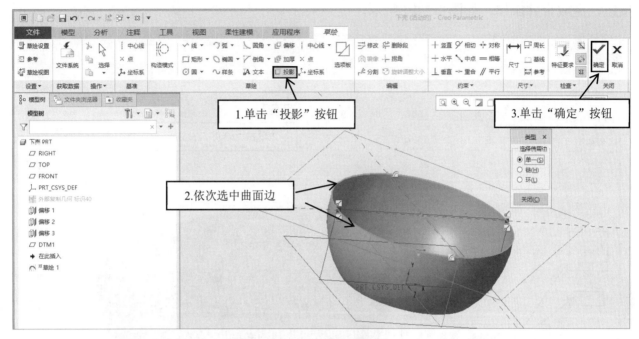

图 2-2-14　创建投影草绘

7. 填充平面

在"模型"选项卡中单击"填充"按钮，进入填充编辑界面。在"模型树"选项卡中选择"草绘 1"选项，单击"确定"按钮，完成平面的填充，如图 2-2-15 所示。

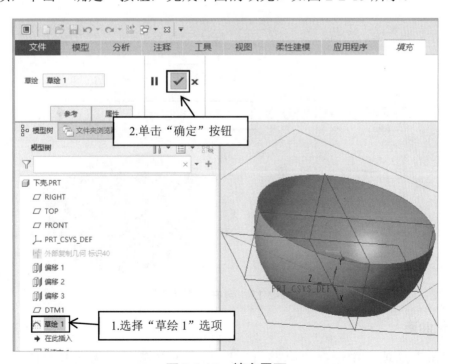

图 2-2-15　填充平面

8. 合并曲面

按住 Ctrl 键，在"模型树"选项卡中同时选择"偏移 1""偏移 2""偏移 3""填充 1"选项，在"模型"选项卡中单击"合并"按钮，如图 2-2-16 所示，进入合并界面，单击"确定"按钮，完成合并操作，如图 2-2-17 所示。

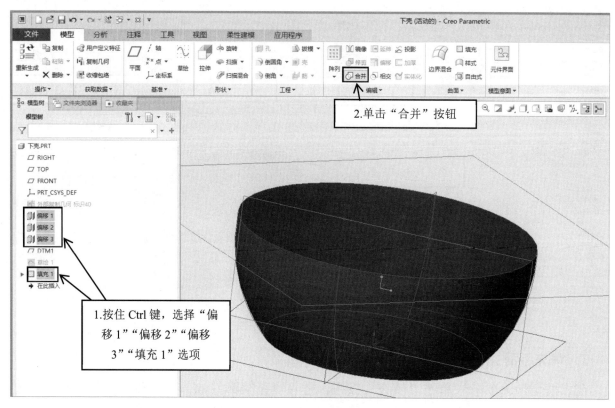

图 2-2-16　合并曲面（1）

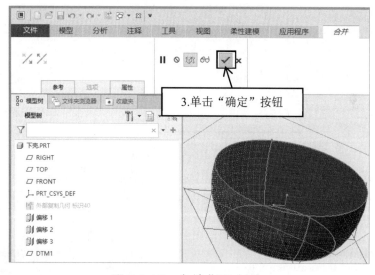

图 2-2-17　合并曲面（2）

9. 实体化曲面

在"模型树"选项卡中选择"合并 1"选项，在"模型"选项卡中单击"实体化"按钮，如图 2-2-18 所示。进入实体化编辑界面后，单击"确定"按钮，完成曲面的实体化操作，如图 2-2-19 所示。

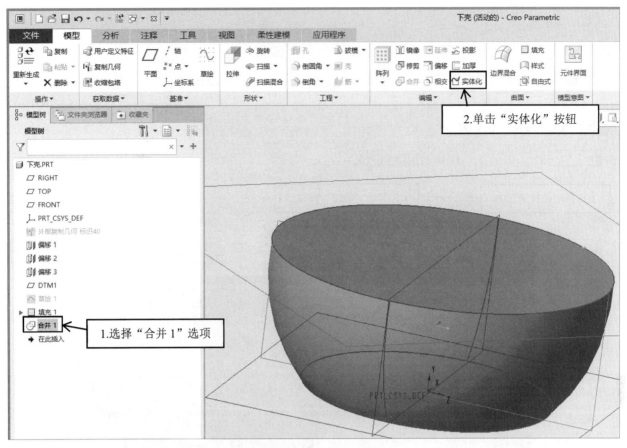

图 2-2-18 实体化曲面（1）

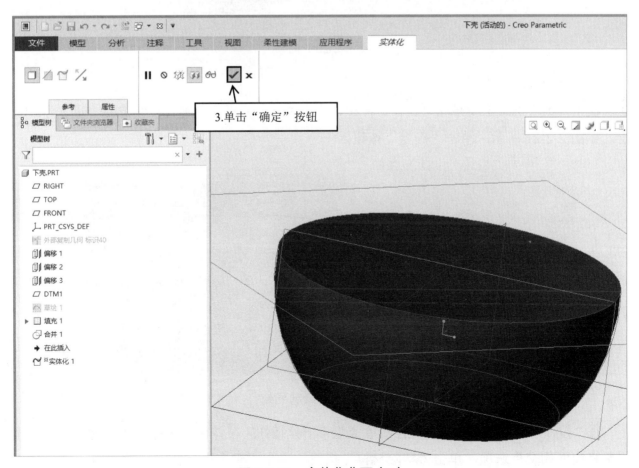

图 2-2-19 实体化曲面（2）

10．抽壳

在"模型"选项卡中单击"壳"按钮，进入壳编辑界面。将厚度设置为 2.00，选中需要移除的曲面，单击"确定"按钮，完成壳体的创建，如图 2-2-20 所示。

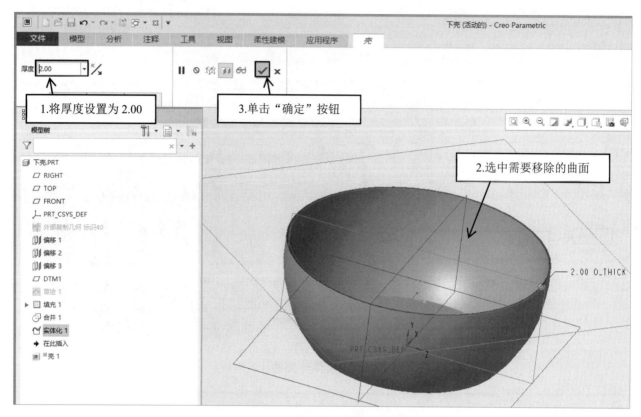

图 2-2-20　抽壳

11．创建拉伸特征 1

在"模型"选项卡中单击"拉伸"按钮，选中 FRONT 平面，进入草绘编辑界面，绘制草绘，如图 2-2-21 所示，单击"确定"按钮。

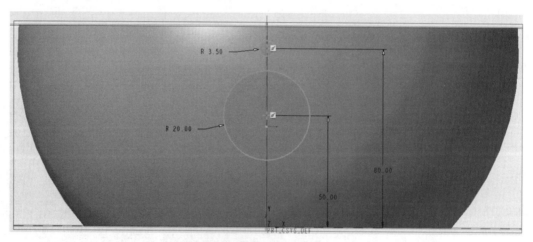

图 2-2-21　绘制草绘

在"拉伸"选项卡中单击"拉伸深度类型"下拉按钮，在弹出的下拉列表中选择"拉伸至与所有曲面相交"选项，单击"移除材料"按钮，单击"确定"按钮，完成拉伸特征 1 的创建，如图 2-2-22 所示。

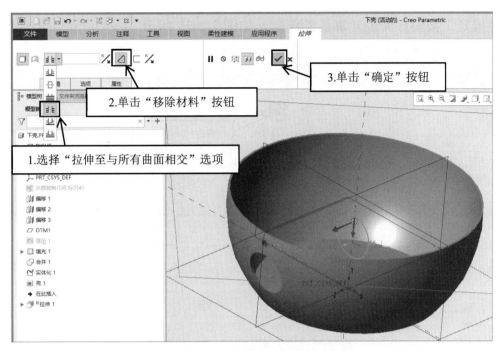

图 2-2-22　创建拉伸切除特征

12．创建轮廓筋

在"模型"选项卡中单击"筋"下拉按钮，在弹出的下拉列表中选择"轮廓筋"选项，如图 2-2-23 所示，进入筋编辑界面。选中 FRONT 平面，进入草绘编辑界面。

图 2-2-23　选择"轮廓筋"选项

在图形工具条中单击"草绘视图"按钮，摆正视图。单击"显示样式"下拉按钮，在弹出的下拉列表中选择"线框"选项。绘制草绘，如图 2-2-24 所示，单击"确定"按钮，进入筋编辑界面。

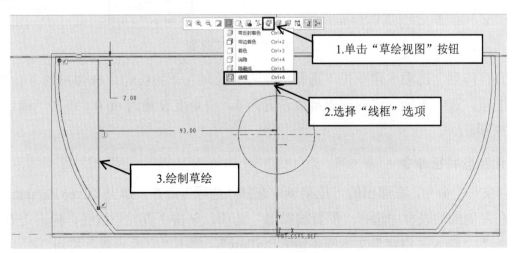

图 2-2-24　绘制草绘

单击"确定"按钮，完成轮廓筋的创建，如图 2-2-25 所示。

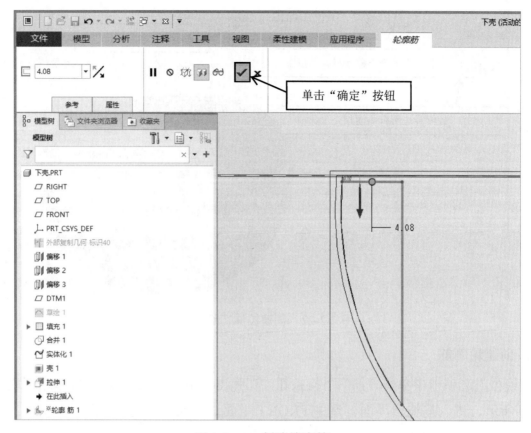

图 2-2-25　创建轮廓筋 1

13．创建阵列轮廓筋

在"模型树"选项卡中选择"轮廓筋 1"选项，在"模型"选项卡中单击"阵列"下拉按钮，在弹出的下拉列表中选择"几何阵列"选项，如图 2-2-26 所示，进入几何阵列编辑界面。

图 2-2-26　创建几何阵列

在"几何阵列"选项卡中单击"选择创建阵列的轴"下拉按钮，在弹出的下拉列表中选择"轴"选项，选中 Y 轴，将阵列成员数设置为 6，将角度设置为 60.0，单击"确定"按钮，如图 2-2-27 所示。

14．添加唇特征命令

选择"文件"命令，在弹出的下拉菜单中选择"选项"命令，弹出"Creo Parametric 选项"对话框，在左侧的列表框中选择"配置编辑器"选项，单击"查找"按钮，弹出"查找选项"对话框，在"1. 输入关键字"文本框中输入"allow"，单击"立即查找"按钮。在"2.选取选项"列表框中选择"allow_anatomic_features"选项。单击"3.设置值"下拉按钮，在弹出的下拉列表中选择"yes"选项，单击"添加/更改"按钮，单击"关闭"按钮，如图 2-2-28 所示。

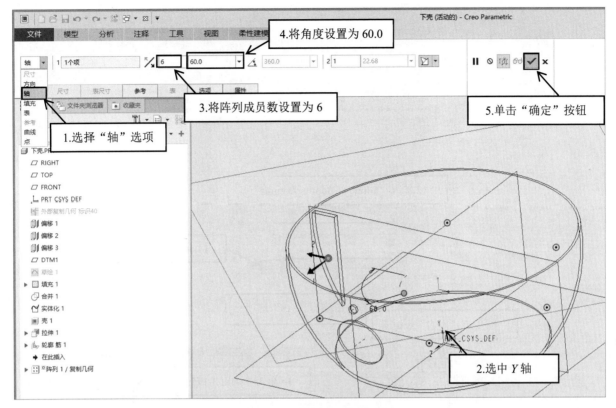

图 2-2-27　编辑几何阵列

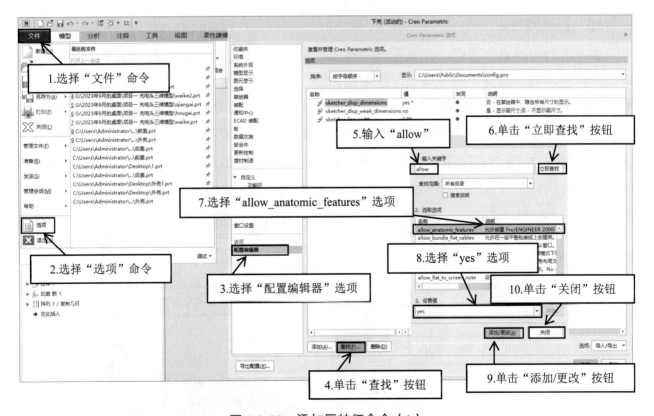

图 2-2-28　添加唇特征命令（1）

单击"添加"按钮，弹出"添加选项"对话框，在"选项名称"文本框中输入
"allow_anatomic_features"，单击"选项值"下拉按钮，在弹出的下拉列表中选择"yes"选项，

单击"确定"按钮。在"Creo Parametric 选项"对话框中单击"确定"按钮,如图 2-2-29 所示。

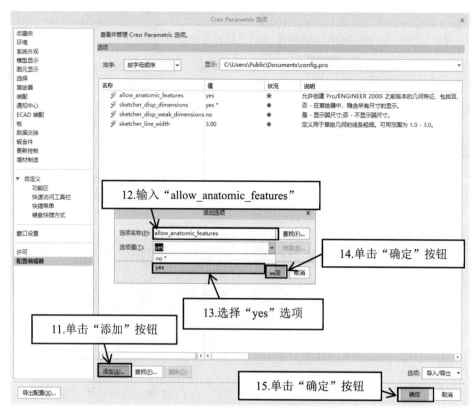

图 2-2-29　添加唇特征命令(2)

15．创建唇特征

单击"命令搜索"按钮,在文本框中输入"唇",在弹出的下拉列表中选择"唇"选项,弹出菜单管理器,选择"链"选项,选中实体边,选择"完成"选项,如图 2-2-30 所示。选中偏移平面,弹出"输入偏移值"输入框,将偏移值设置为-1,单击"确定"按钮,如图 2-2-31所示。弹出"输入从边到拔模曲面的距离"输入框,将从边到拔模曲面的距离设置为 1,单击"确定"按钮,如图 2-2-32 所示。选中 DTM1 平面,如图 2-2-33 所示。弹出"输入拔模角"输入框,将拔模角设置为 0,单击"确定"按钮,如图 2-2-34 所示。

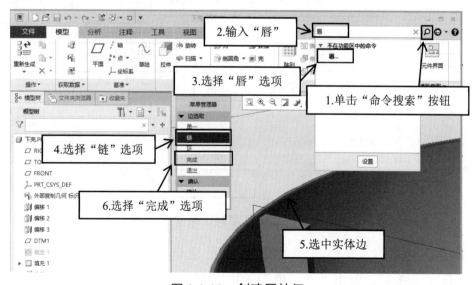

图 2-2-30　创建唇特征

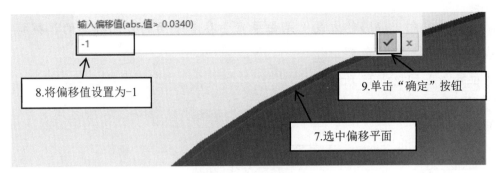

图 2-2-31　设置偏移值

图 2-2-32　设置从边到拔模曲面的距离

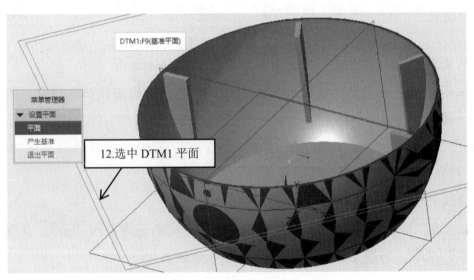

图 2-2-33　选择拔模参考平面

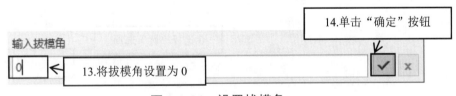

图 2-2-34　设置拔模角

技能加油站

唇特征

在装配中两个不同零件的匹配曲面上创建唇特征可以保证两个零件上的连锁几何相同。创建的唇作为一个零件的伸出项和另一个零件上的切口。

唇不是装配特征，它必须在每个零件上单独创建。可以通过关系和参数在两个零件之间创建适当的连接。

在 Creo 中，通过沿着选定边偏移匹配曲面来创建唇。该边必须形成连续轮廓，它可以是开放的，也可以是闭合的。唇的顶端（或底端）曲面复制匹配曲面几何。可以根据唇的方向拔模侧曲面。唇的方向（偏移的方向）是由垂直于参考平面的方向确定的。拔模角是参考平面法向与唇的侧曲面之间的角度。

唇的特征参数如图 2-2-35 所示。

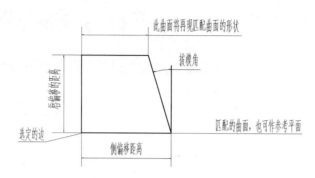

图 2-2-35　唇的特征参数

通常，参考平面与唇（匹配）曲面一致。当匹配曲面不是平面时，必须选择一个分离的参考平面。

想要使唇的创建方向不垂直于匹配曲面，唇特征就会被扭曲。

在唇特征创建的任何点上，匹配曲面的法线与参考平面的法线必须重合，或者形成一个很小的角度。法线靠得越近，唇特征的扭曲程度就越小。

在 Creo 中，创建唇特征之前需要将 allow_anatomic_features 配置选项设置为 yes，以启用"所有命令"列表中的"唇"命令。

创建唇特征的步骤如下。

（1）启用"唇"命令。单击"命令搜索"按钮，在文本框中输入"唇"，在弹出的下拉列表中选择"唇"选项，如图 2-2-36 所示，弹出菜单管理器。

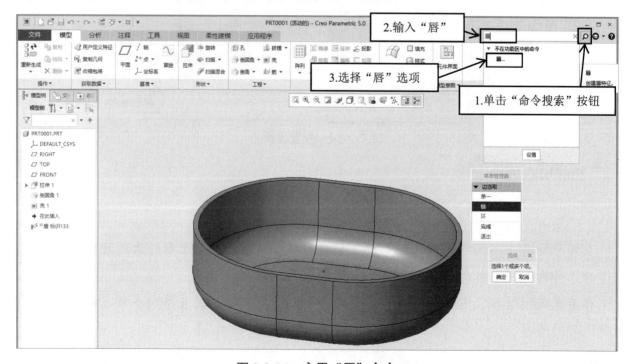

图 2-2-36　启用"唇"命令

（2）选择唇的轨迹边。选择"链"选项，选中实体边，选择"完成"选项，如图 2-2-37 所示。

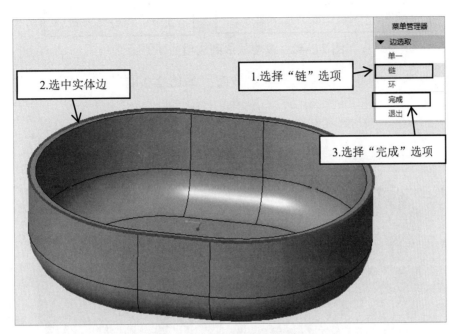

图 2-2-37　选择唇的轨迹边

（3）选中要被偏移的曲面，如图 2-2-38 所示，弹出"输入偏移值"输入框。

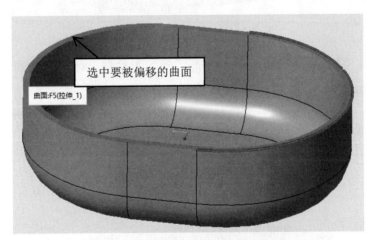

图 2-2-38　选中要被偏移的曲面

（4）设置从选定曲面开始的唇偏移距离。将偏移值设置为-1，单击"确定"按钮，如图 2-2-39 所示。弹出"输入从边到拔模曲面的距离"输入框。

图 2-2-39　设置从选定曲面开始的唇偏移距离

（5）设置从边到拔模曲面的距离。将从边到拔模曲面的距离设置为 1，单击"确定"按钮，如图 2-2-40 所示。

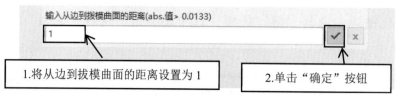

图 2-2-40　设置从边到拔模曲面的距离

（6）选择拔模参考平面。选择拔模参考平面，如图 2-2-41 所示，弹出"输入拔模角"输入框。

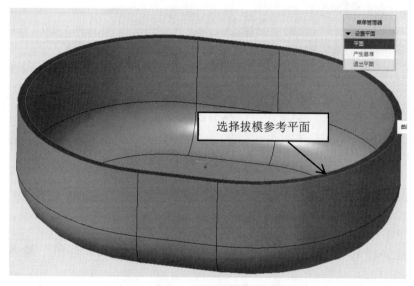

图 2-2-41　选择拔模参考平面

（7）设置拔模角。将拔模角设置为 0，单击"确定"按钮，完成唇特征的创建，如图 2-2-42 所示，效果如图 2-2-43 所示。

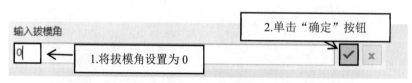

图 2-2-42　设置拔模角

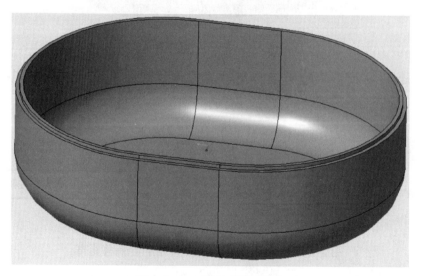

图 2-2-43　唇特征的效果

16．创建拉伸特征 2

选中如图 2-2-44 所示的平面，在浮动工具条中单击"拉伸"按钮，进入草绘编辑界面，调整视图，绘制草绘，如图 2-2-45 所示。

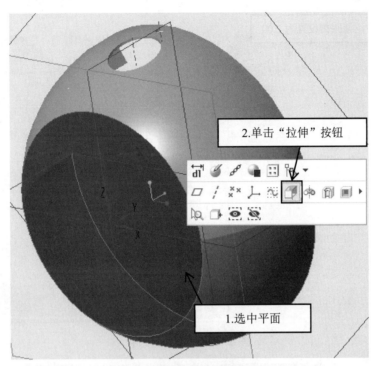

图 2-2-44　选中平面

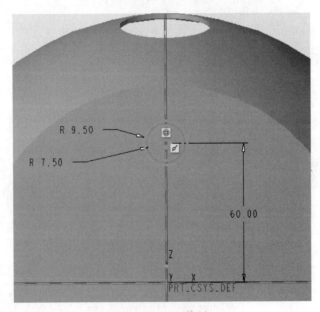

图 2-2-45　草绘

在"拉伸"选项卡中将拉伸距离设置为 2.00，单击"确定"按钮，如图 2-2-46 所示。

17．创建几何阵列特征

在"模型树"选项卡中选择"拉伸 2"选项，执行第 13 步的创建几何阵列的操作，将阵列成员数设置为 4，将角度设置为 90.0，效果如图 2-2-47 所示。

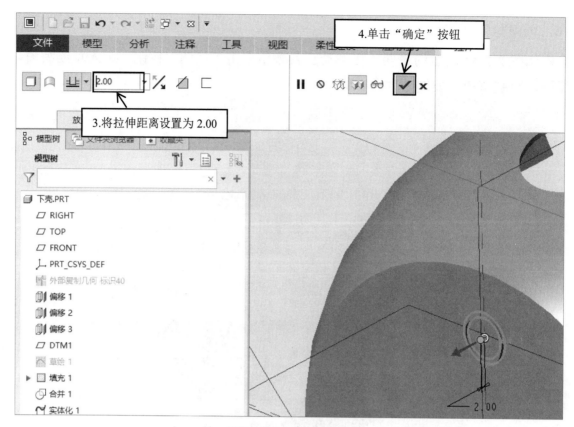

图 2-2-46　编辑拉伸

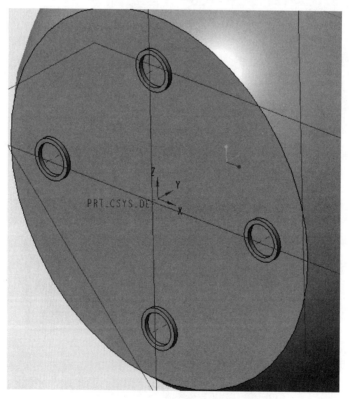

图 2-2-47　几何阵列特征的效果

18．创建 DTM2 平面

在"模型"选项卡中单击"平面"按钮，弹出"基准平面"对话框，选中 FRONT 平面，将"平移"设置为 98.00，单击"确定"按钮，如图 2-2-48 所示，完成 DTM2 平面的创建。

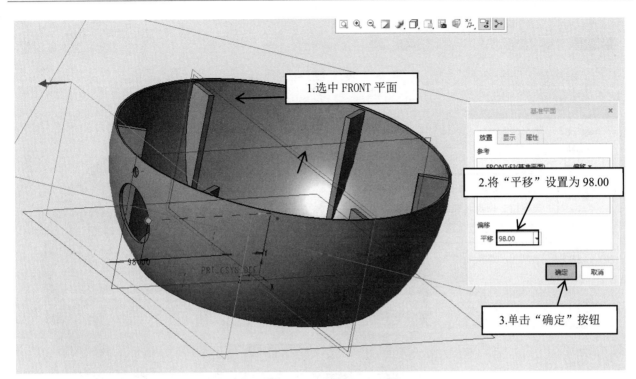

图 2-2-48 创建 DTM2 平面

19. 创建拉伸特征 3

选中 DTM2 平面，在浮动工具条中单击"拉伸"按钮，进入草绘编辑界面，绘制草绘，如图 2-2-49 所示。

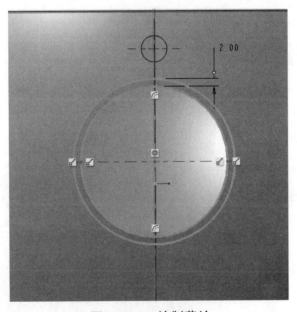

图 2-2-49 绘制草绘

在"拉伸"选项卡中，单击"拉伸深度类型"下拉按钮，在弹出的下拉列表中选择"拉伸至选定的曲面、边、顶点、曲线、平面、轴或点"选项，选中曲面，单击"确定"按钮，如图 2-2-50 所示。

20. 创建圆角特征

在"模型"选项卡中单击"倒圆角"按钮，创建圆角特征，如图 2-2-51 所示。

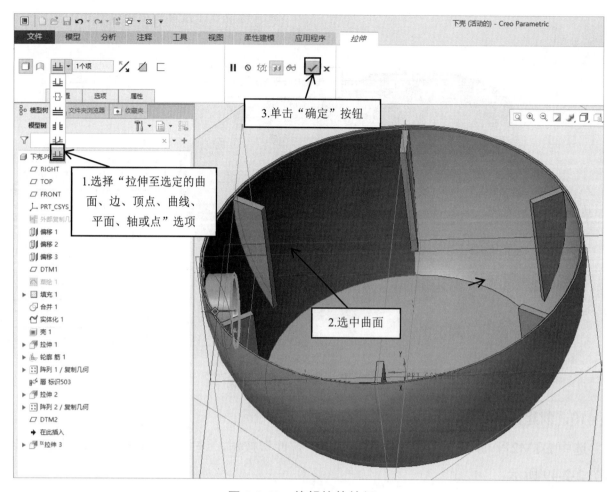

图 2-2-50　编辑拉伸特征 3

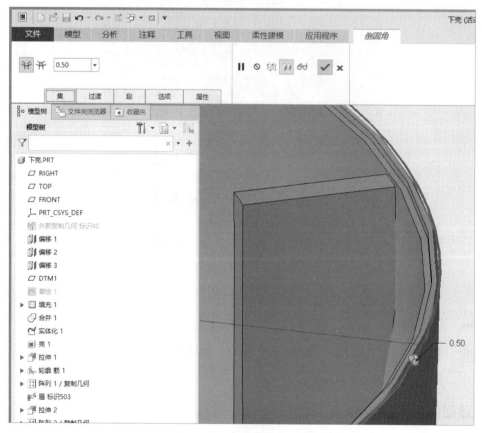

图 2-2-51　创建圆角特征

21. 保存文件

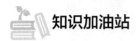

止口设计

1. 止口的定义

止口：止，从字面上理解是停止、禁止、限制的意思，而在产品结构中通常表示限位的意思（限制零件的移动，主要是对 X 轴方向和 Y 轴方向的限位，Z 轴方向的限位通常通过螺钉或卡扣之类的连接结构限位）。由于其在结构上是一对凹凸结构，有点像人合上的嘴巴，所以也被称为唇。

2. 止口的分类

（1）单止口：最常见的止口，由公止口和母止口组成，从外形上看是一对凹凸结构，这对凹凸结构分别设计在两个配合的零件上，沿着侧壁内边凸出来的部分（加胶）被称为公止口，沿着侧壁内边凹下去的部分（减胶）被称为母止口，如图 2-2-52 所示。

公止口一般设计在壁厚较小的壳体上，母止口一般设计在壁厚较大的壳体上。

（2）双止口：双止口是相对于单止口而言的，双止口实际上是由两个正反的单止口合并成的新止口，主要有以下两种结构形式。

- 单公止口+双母止口。这种结构形式主要应用于壳体壁厚较小且对外观段差有要求的结构，下壳体的双母止口可以限制上壳体向内和向外的变形，如图 2-2-53 所示。

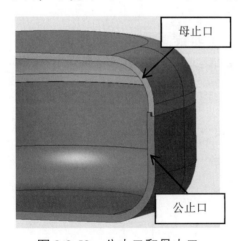

图 2-2-52　公止口和母止口

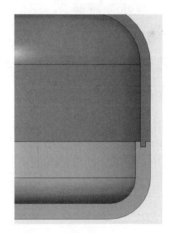

图 2-2-53　单公止口+双母止口

- 双公止口+双母止口。这种结构形式主要应用于上下壳体壁厚都较大的结构，这种结构在外观上的段差可以控制在很小的范围内，也被称为密封性止口结构。但这种止口结构要求壳体壁厚较大，一般需要 2.5mm 以上，否则母止口外缘就比较薄，外观容易产生厚薄印（应力痕），如图 2-2-54 所示。

（3）反止口：也被称为反插骨，表示反限位的意思，反止口是母止口的反向止口，一般配合单止口一起设计，主要用于上下壳体壁厚都较小的结构。反止口实际上是双母止口的简化，因为壳体没有足够的壁厚去设计双母止口，所以通过设计局部的筋位创建反止口，如图 2-2-55 所示。

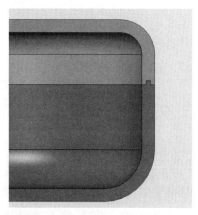

图 2-2-54   双公止口+双母止口

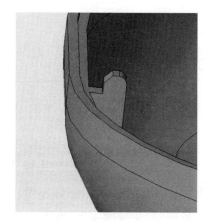

图 2-2-55   反止口

3. 止口的作用

（1）限位，防止或减小两个相互配合的壳体装配时产生偏位或段差。

（2）防静电，起静电墙的作用，将静电隔离到外壳之外，让静电难以直接进来。

4. 止口设计的原则

1）功能原则

壳体的壁厚较小，优选单止口结构。

需要密封结构，优选双止口结构。

需要起到防静电作用，应尽量保留整圈止口的完整性。

止口的设计在保证自身功能的同时不能影响其他结构的功能。

2）外观质量原则

由于塑料件具有易变形及尺寸偏差大等缺点，这些缺点还受塑料种类、结构、模具、注塑工艺等诸多因素的影响，因此在设计止口的尺寸时需要注意以下情况。止口配合尺寸图如图 2-2-56 所示。

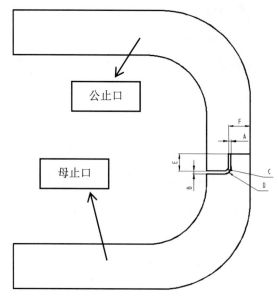

图 2-2-56   止口配合尺寸图

A：公、母止口配合面间隙尺寸，一般做到 0.05 ~ 0.1mm 即可。

B：公、母止口避空尺寸，防止止口干涉，一般做到 0.1 ~ 0.2mm（因为公、母止口接合处已做零配，此处做避空即可）。

C：公止口倒 C 角，可利于装配，一般做到 C0.3 ~ 0.5mm。

D：母止口过渡圆角，此处胶位厚度变化较大，做圆角可以减小外观应力痕，一般会做到 R0.3 ~ 0.5mm。

E：公止口高度，一般会做到 0.8 ~ 2mm，具体看制品大小。

F：母止口外观面胶厚，应大于壁厚的一半，否则此处外观容易产生应力痕。

3）加工工艺原则

根据模具加工工艺，反止口筋位直接的间距不能太小（一般在 3mm 以上），以保证此处的模具钢料有足够强度。

根据成型工艺，止口的宽度不能太小（建议在 0.6mm 以上），如果止口的宽度太小，则止口成型困难且强度不够。

任务评价表

			任务二　下壳建模			
序号	检测项目	配分	评分标准	自评	组评	师评
1	偏移骨架曲面	10	是否有该特征			
2	合并曲面	10	该特征是否符合图纸尺寸要求			
3	壳体	10	曲面合并是否正确			
4	拉伸特征 1	10	是否符合要求			
5	阵列轮廓筋	10	该特征是符合图纸尺寸要求			
6	拉伸特征 2	10	该特征是否符合图纸尺寸要求			
7	几何阵列特征	10	是否正确阵列			
8	拉伸特征 3	5	是否符合要求			
9	唇特征	10	该特征是否符合图纸尺寸要求			
10	圆角特征	5	是否符合要求			
11	其他	10	是否有其他问题，酌情配分			
12			合计			
互评学生姓名						

任务三　上壳建模

操作视频

完成上壳建模，上壳零件图如图 2-3-1 所示。

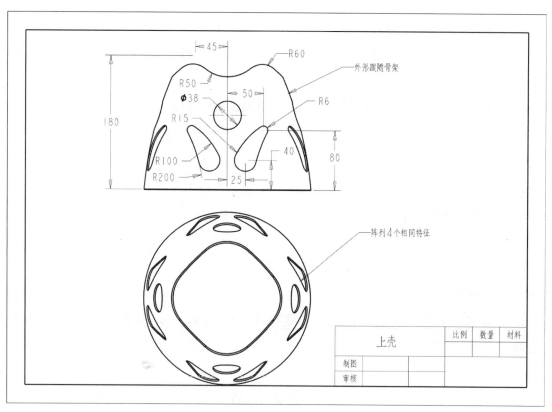

图 2-3-1　上壳零件图

1．创建上壳零件

按前述操作，在总装配文件"加湿器.ASM"中创建"上壳.PRT"文件。

2．导入骨架模型文件

打开"上壳.PRT"文件，按前述操作导入骨架模型文件，如图 2-3-2 所示。

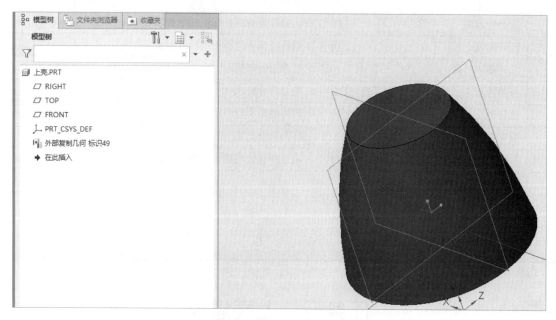

图 2-3-2　导入骨架模型文件

3．偏移骨架模型中的曲面和面组

偏移骨架模型中的曲面和面组，将偏移值设置为 0，如图 2-3-3 所示。

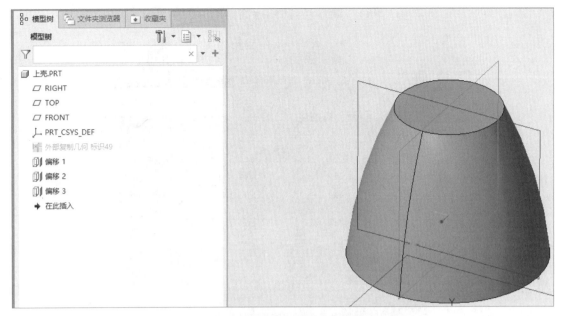

图 2-3-3　偏移骨架模型中的曲面和面组

4．创建 DTM1 平面

在"模型"选项卡中单击"平面"按钮，弹出"基准平面"对话框，选中曲面边，单击"确定"按钮，如图 2-3-4 所示，完成 DTM1 平面的创建。

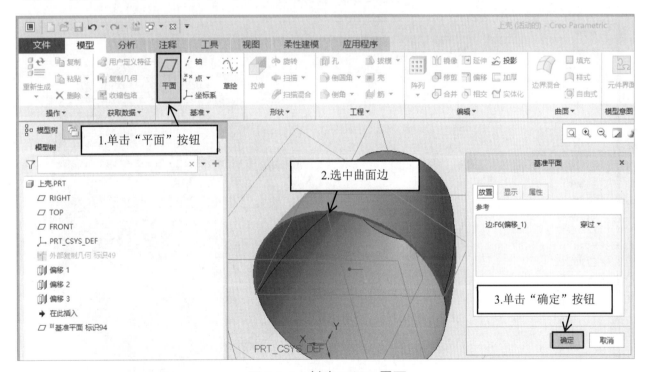

图 2-3-4　创建 DTM1 平面

5．创建投影草绘 1

选中 DTM1 平面，创建草绘，投影曲面边，如图 2-3-5 所示。

6．填充平面

在"模型"选项卡中单击"填充"按钮，进入填充编辑界面，在"模型树"选项卡中选择上一步创建的"草绘 1"选项，单击"确定"按钮，完成平面的填充，如图 2-3-6 所示。

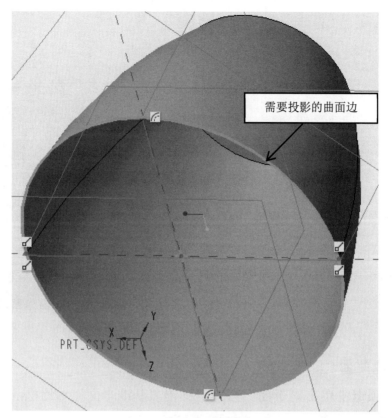

图 2-3-5　投影草绘 1

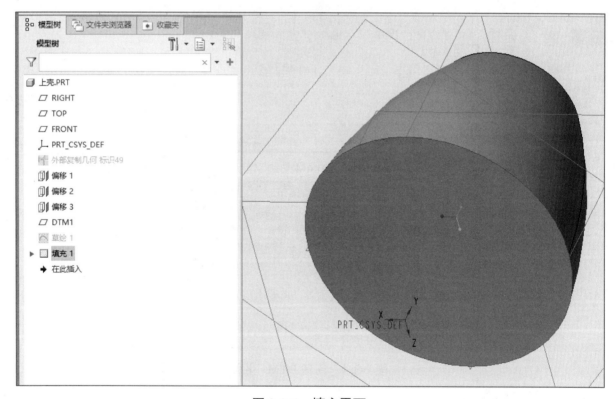

图 2-3-6　填充平面

7．合并曲面

按住 Ctrl 键，在"模型树"选项卡中同时选择"偏移 1""偏移 2""偏移 3""填充 1"选项，在"模型"选项卡中单击"合并"按钮，如图 2-3-7 所示，进入合并界面，单击"确定"按钮，完成合并操作。

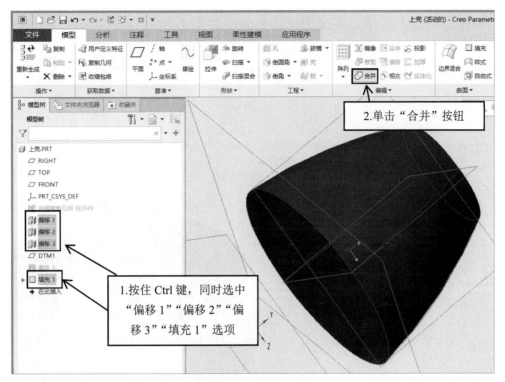

图 2-3-7　合并曲面

8．实体化曲面

单击"实体化"按钮，进入实体化编辑界面，选择上一步合并的曲面，单击"确定"按钮，如图 2-3-8 所示。

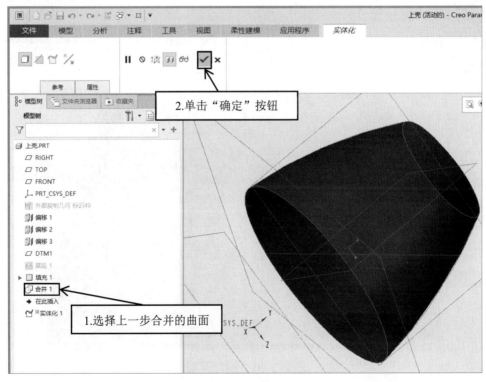

图 2-3-8　实体化曲面

9．创建壳体

在"模型"选项卡中单击"壳"按钮，进入壳编辑界面。将厚度设置为 2.00，选中需移除的曲面，单击"确定"按钮，完成壳体的创建，如图 2-3-9 所示。

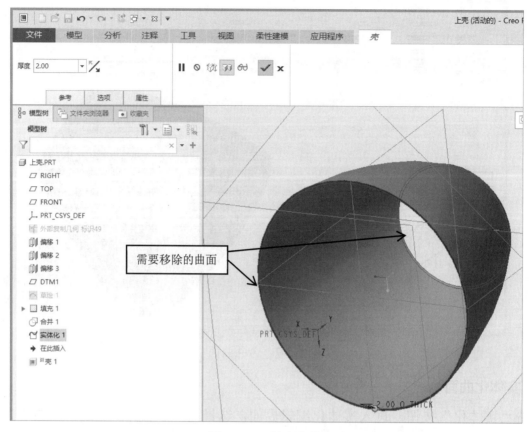

图 2-3-9　创建壳体

10．创建拉伸切除特征 1

在"模型"选项卡中单击"拉伸"按钮，选中 FRONT 平面，进入草绘编辑界面，绘制草绘，如图 2-3-10 所示。

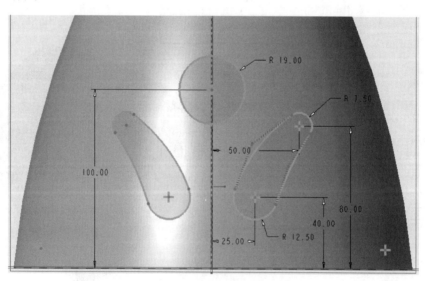

图 2-3-10　绘制草绘

在"拉伸"选项卡中单击"拉伸深度类型"下拉按钮，在弹出的下拉列表中选择"拉伸至与所有曲面相交"选项，单击"移除材料"按钮，单击"确定"按钮，完成拉伸切除特征 1 的创建，如图 2-3-11 所示。

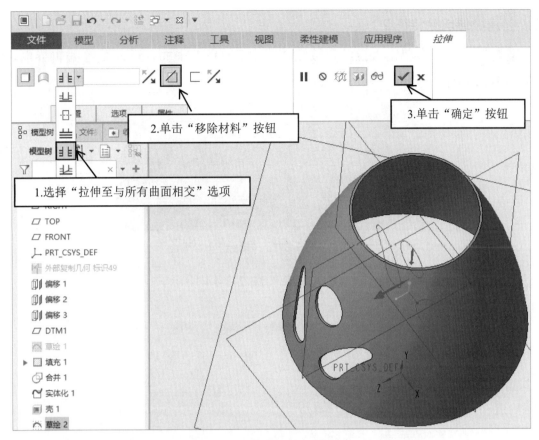

图 2-3-11 创建拉伸切除特征 1

11．创建阵列拉伸特征 1

选中上一步创建的拉伸切除特征 1，创建阵列拉伸特征 1，选中 Y 轴作为阵列中心轴，将阵列成员数设置为 4，将角度设置为 90.0，如图 2-3-12 所示。

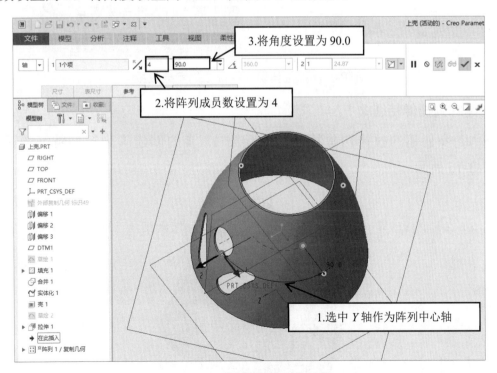

图 2-3-12 创建阵列拉伸特征 1

12．创建拉伸切除特征 2

在"模型"选项卡中单击"拉伸"按钮，选中 FRONT 平面，进入草绘编辑界面，绘制草绘，如图 2-3-13 所示。

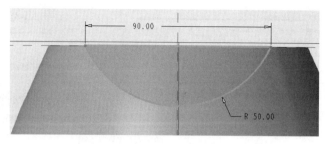

图 2-3-13　草绘

执行第 10 步的拉伸编辑操作，完成效果如图 2-3-14 所示。

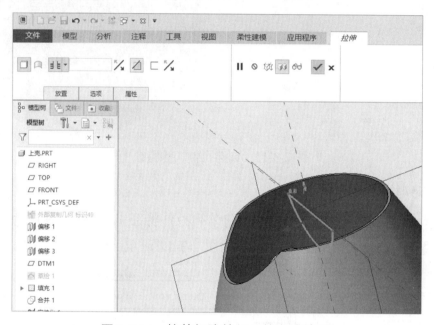

图 2-3-14　拉伸切除特征 2 的完成效果

13．创建阵列拉伸特征 2

选中第 12 步创建的拉伸切除特征，执行第 11 步的创建阵列拉伸特征的操作，完成效果如图 2-3-15 所示。

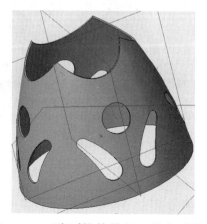

图 2-3-15　阵列拉伸特征 2 的完成效果

14．创建圆角特征1

在"模型"选项卡中单击"倒圆角"按钮，创建圆角特征1，如图2-3-16所示。

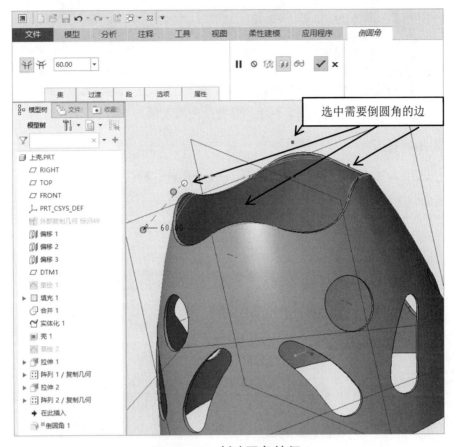

图2-3-16 创建圆角特征1

15．创建唇特征

参考任务二第15步创建唇特征的操作，选中曲面边，如图2-3-17所示，将偏移值设置为1，将从边到拔模曲面的距离设置为1，将DTM1平面作为设置平面，将拔模角度设置为0，完成效果如图2-3-18所示。

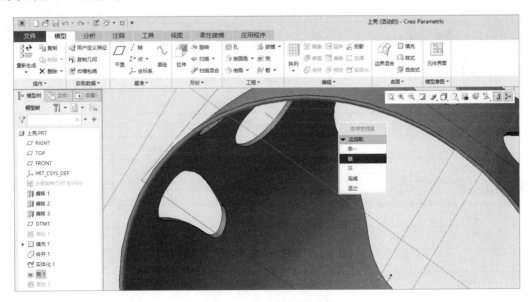

图2-3-17 选中曲面边

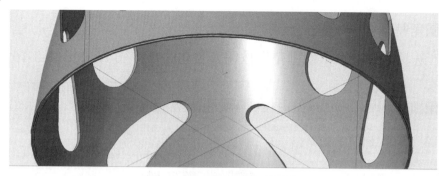

图 2-3-18　唇特征完成效果

16．创建圆角特征 2

在"模型"选项卡中单击"倒圆角"按钮，创建圆角特征 2，如图 2-3-19 所示。

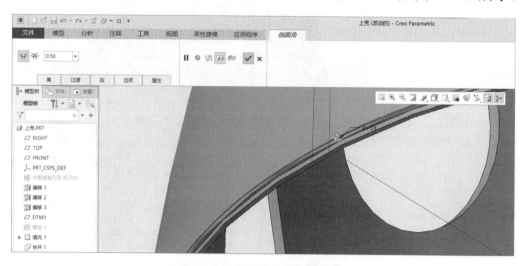

图 2-3-19　创建圆角特征 2

17．保存文件

任务评价表

任务三　上壳建模						
序号	检测项目	配分	评分标准	自评	组评	师评
1	骨架模型公共曲面	10	是否有该特征			
2	填充平面	10	该特征是否符合图纸尺寸要求			
3	曲面合并	10	曲面合并是否正确			
4	实体化	10	是否符合要求			
5	壳特征	10	该特征是否符合图纸尺寸要求			
6	拉伸切除特征	20	该特征是否符合图纸尺寸要求			
7	唇特征	10	该特征是否符合图纸尺寸要求			
8	圆角特征	10	是否符合要求			
9	其他	10	是否有其他问题，酌情配分			
10	合计					
互评学生 姓名						

任务四 水箱建模

根据前面所学的建模方法，完成水箱建模，水箱零件图如图 2-4-1 所示。

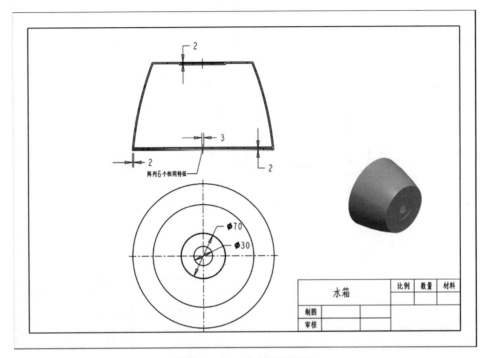

图 2-4-1 水箱零件图

任务五 喷汽嘴建模

根据前面所学的建模方法，完成喷汽嘴建模，喷汽嘴零件图如图 2-5-1 所示。

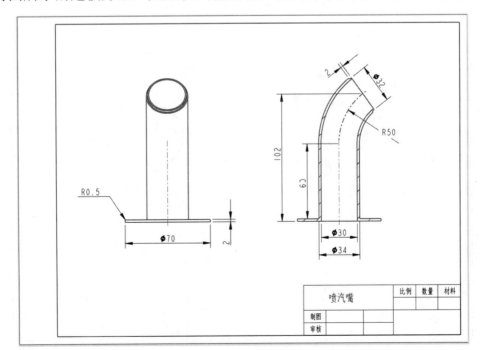

图 2-5-1 喷汽嘴零件图

任务六　装饰片建模

根据前面所学的建模方法，完成装饰片建模，装饰片零件图如图 2-6-1 所示。

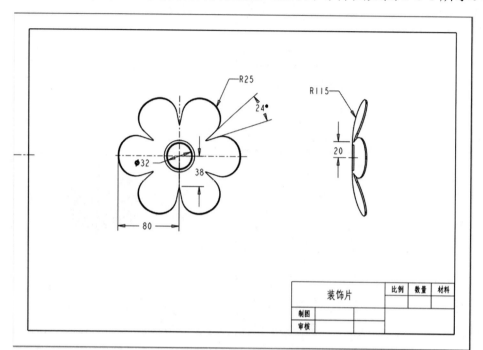

图 2-6-1　装饰片零件图

任务七　其他配件建模

根据前面所学的建模方法，完成指示灯、旋钮建模，指示灯、旋钮零件图如图 2-7-1 所示。

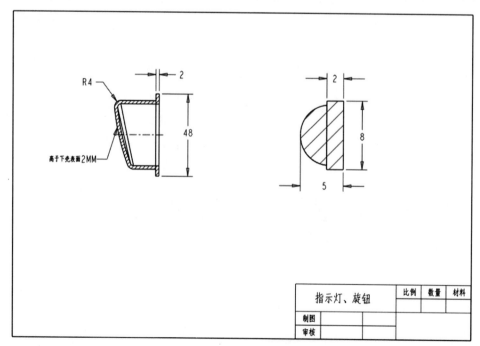

图 2-7-1　指示灯、旋钮零件图

任务八　喷汽嘴工程图

完成喷汽嘴工程图的制图，如图 2-8-1 所示。

操作视频

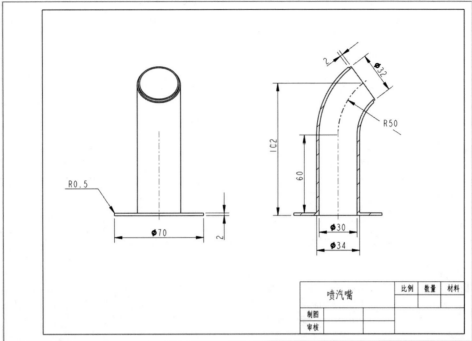

图 2-8-1　喷汽嘴工程图

1. 创建文件

（1）打开"喷汽嘴.PRT"文件，如图 2-8-2 所示。

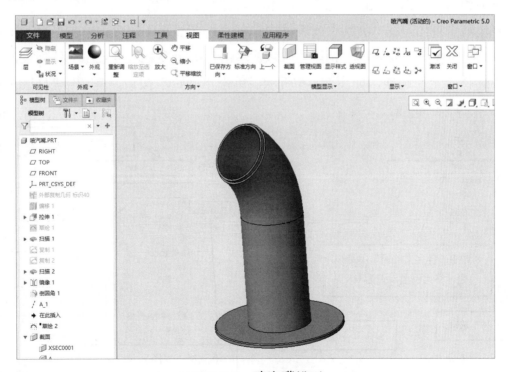

图 2-8-2　喷汽嘴模型

（2）新建"类型"为"绘图"、名为"喷汽嘴"的工程图文件。

2．创建视图

1）创建一般视图

（1）在图纸左上角的空白位置单击，弹出"绘图视图"对话框，在"类别"列表框中选择"视图类型"选项，在"模型视图名"列表框中选择"BOTTOM"选项，单击"应用"按钮，如图2-8-3所示。在"选择定向方法"选区中选中"角度"单选按钮，将"角度值"设置为-90，单击"应用"按钮，如图2-8-4所示。

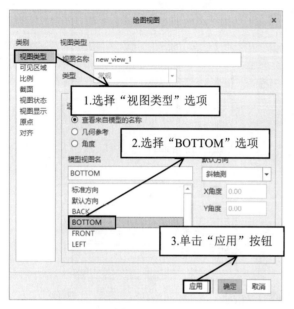

图 2-8-3　选择"BOTTOM"选项　　　　图 2-8-4　设置角度值

（2）修改视图比例。在"类别"列表框中选择"比例"选项，选中"自定义比例"单选按钮，将比例值设置为0.8，单击"应用"按钮，如图2-8-5所示。

（3）创建消隐视图。在"类别"列表框中选择"视图显示"选项，单击"显示样式"下拉按钮，在弹出的下拉列表中选择"消隐"选项。单击"相切边显示样式"下拉列表，在弹出的下拉列表中选择"无"选项，如图2-8-6所示，单击"确定"按钮，完成一般视图的创建。

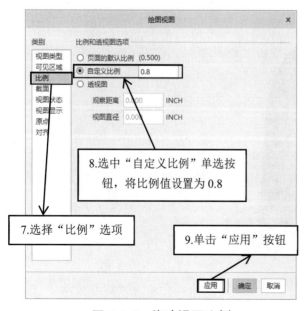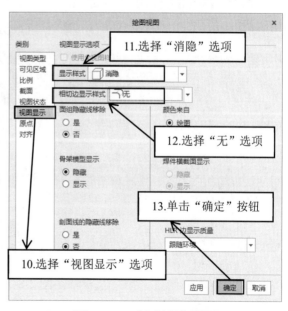

图 2-8-5　修改视图比例　　　　　　图 2-8-6　创建消隐视图

2）创建投影视图

在"布局"选项卡中单击"投影视图"按钮，在适当位置单击以放置投影视图，将投影视图进行消隐，最终效果如图2-8-7所示。

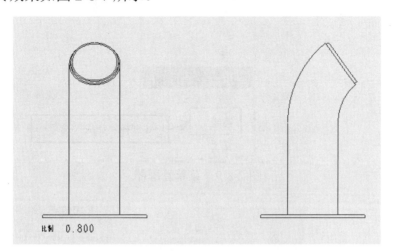

比例　0.800

图2-8-7　投影视图消隐后的最终效果

3）创建剖视图

（1）双击投影视图，弹出"绘图视图"对话框，在"类别"列表框中选择"截面"选项，选中"2D横截面"单选按钮，单击"添加"按钮，单击"名称"栏下方选项的下拉按钮，在弹出的下拉列表中选择"新建"选项，如图2-8-8所示。

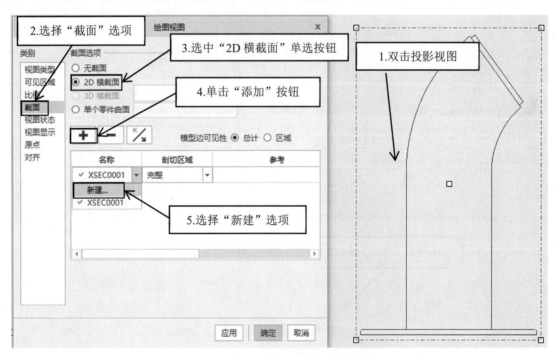

图2-8-8　"绘图视图"对话框

（2）弹出菜单管理器，如图2-8-9所示，选择"完成"选项，在弹出的"输入横截面名称"输入框中输入"A"，单击"确定"按钮，如图2-8-10所示。在"模型树"选项卡中选择"FRONT"选项，如图2-8-11所示。在"绘图视图"对话框中单击"确定"按钮，完成剖视图的创建，如图2-8-12所示。

图 2-8-9　菜单管理器

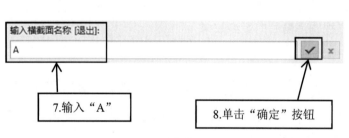

图 2-8-10　"输入横截面名称"输入框

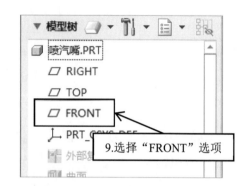

图 2-8-11　选择"FRONT"选项

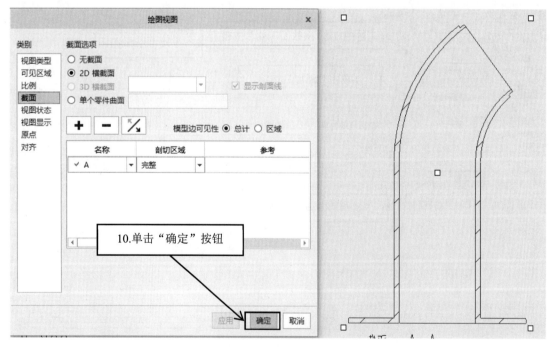

图 2-8-12　创建剖视图

（3）修改剖视图的密度。双击视图中的剖面线，弹出菜单管理器，如图 2-8-13 所示。先选择"剖面线 PAT"选项，再选择"比例"选项，这时，菜单管理器中的选项发生变化。在"修改模式"选区中选择"半倍"选项，此时剖面线的间距减小一半，如图 2-8-14 所示，修改后的剖面线效果如图 2-8-15 所示。选择"完成"选项，完成剖视图密度的修改。

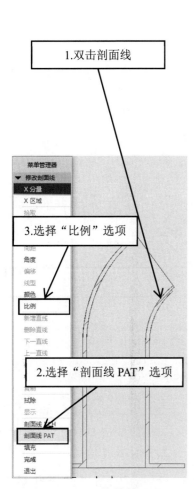

图 2-8-13 菜单管理器

图 2-8-14 选择"半倍"选项

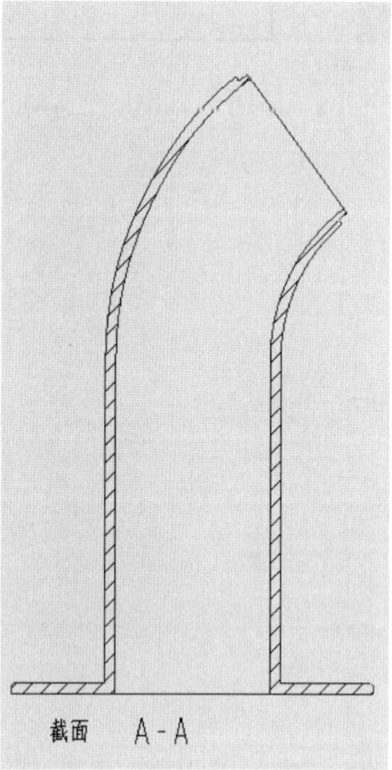

图 2-8-15 修改后的剖面线效果

3. 绘制中心线

（1）调出孔的中心线。单击投影视图，在自动弹出的工具条中单击"显示模型注释"按钮，如图 2-8-16 所示。弹出"显示模型注释"对话框，如图 2-8-17 所示，选择"显示模型基准"选项，在"显示模型基准"选项卡中勾选基准显示复选框，单击"确定"按钮。

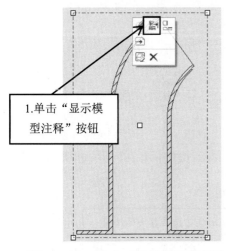

图 2-8-16 单击"显示模型注释"按钮

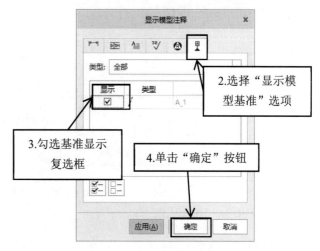

图 2-8-17 "显示模型注释"对话框

（2）延伸圆弧部分中心线。在"草绘"选项卡中单击"边"按钮，在图纸中单击需要偏移的线，弹出"于箭头方向输入偏移"输入框，将偏移值设置为-0.1，单击"确定"按钮，完成辅助线段的绘制，如图 2-8-18 所示。

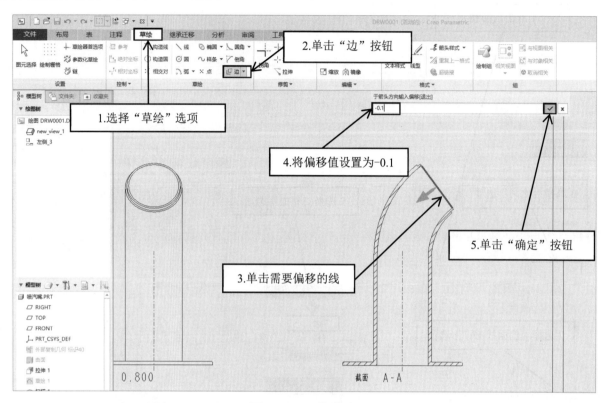

图 2-8-18　偏移边

在"草绘"选项卡中单击"弧"按钮，弹出"捕捉参考"对话框，单击"选择参考"按钮，选择需要参考的圆弧线段和辅助线段，如图 2-8-19 所示。

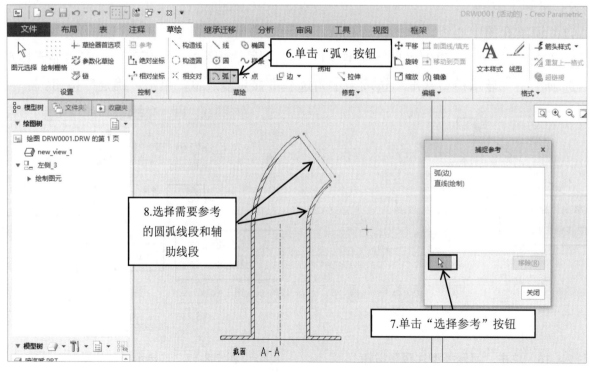

图 2-8-19　选择需要参考的圆弧线段和辅助线段

　　单击鼠标中键，在视图中捕捉圆心点和辅助线段的中点以绘制圆弧线段，再次单击鼠标中键，完成圆弧线段的绘制，如图 2-8-20 所示。

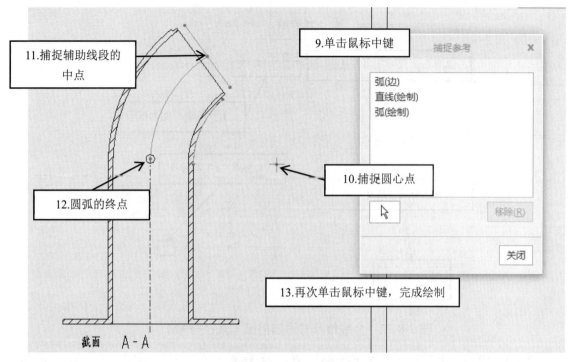

图 2-8-20　绘制圆弧线段

　　选中圆弧线段，弹出工具条，单击"与视图相关"按钮，单击该视图，再次选中该圆弧线段，单击"线型"按钮，弹出"修改线型"对话框，单击"样式"下拉按钮，在弹出的下拉列表中选择"中心线"选项，单击"应用"按钮，如图 2-8-21 所示，最后将辅助线段删除。

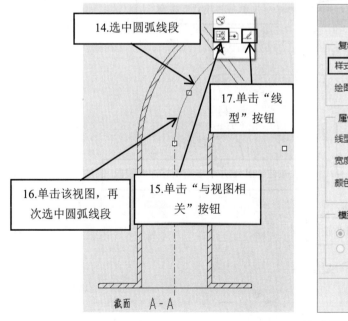
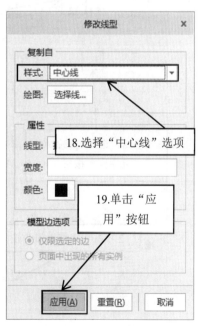

图 2-8-21　修改线型

4．标注尺寸

（1）为线性尺寸添加前缀（直径符号）。选中线性尺寸，在"尺寸"选项卡中单击"尺寸文本"按钮，弹出下拉列表，在"前缀"文本框中选择"ø"符号，如图2-8-22所示。

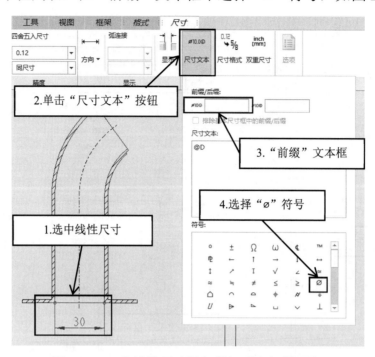

图2-8-22　为线性尺寸添加前缀（直径符号）

（2）捕捉边或图元中点标注。在"注释"选项卡中单击"尺寸"按钮，单击喷汽嘴底部线段，弹出"选择参考"对话框，单击"选择边或者图元中点"按钮，按住Ctrl键并单击需要标注的线段，最后按下鼠标中键，完成尺寸的标注，如图2-8-23所示。

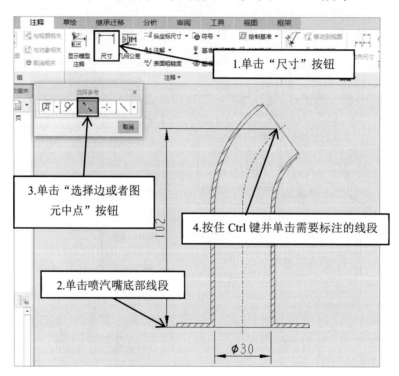

图2-8-23　捕捉边或图元中点标注

5．填写标题栏

双击表格，将文本修改为"喷汽嘴"，如图2-8-24所示。

喷汽嘴	比例	数量	材料
制图			
审核			

图 2-8-24 将文本修改为"喷汽嘴"

操作视频

任务九 加湿器的装配

加湿器装配后的渲染效果如图 2-9-1 所示。

图 2-9-1 加湿器装配后的渲染效果

1. 新建文件

启动 Creo，在"主页"选项卡中单击"新建"按钮，弹出"新建"对话框。在"类型"列表框中选中"装配"单选按钮，在"文件名"文本框中输入"加湿器"，取消勾选"使用默认模板"复选框，单击"确定"按钮。弹出"新文件选项"对话框，选择"mmns_asm_design"选项，单击"确定"按钮。

2. 组装

（1）固定下壳。在"模型"选项卡中单击"组装"按钮，弹出"打开"对话框，选择"下壳.prt"文件，单击"打开"按钮。导入下壳零件后，在"元件放置"选项卡中单击"约束类型"下拉按钮，在弹出的下拉列表中选择"固定"选项，单击"确定"按钮。

（2）旋钮（包括指示灯）的装配。导入旋钮零件，选择旋钮的圆柱面和下壳的孔位进行重合约束，如图 2-9-2 所示。再将指示灯的圆柱面和孔进行重合约束，如图 2-9-3 所示。最后对两个零件的端面进行重合约束，如图 2-9-4 所示。

（3）水箱的装配。导入水箱零件，将水箱的缺口和下壳的加强板进行重合约束，使用同样的方式将另一个缺口和对应的加强板进行重合约束，如图 2-9-5 和图 2-9-6 所示，最后将水箱的底部和下壳的加强板顶部进行重合约束，如图 2-9-7 所示，完成水箱的装配。

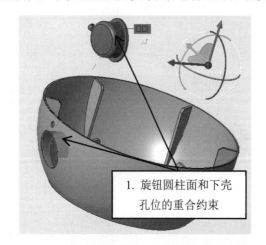

图 2-9-2　旋钮圆柱面和下壳孔位的重合约束

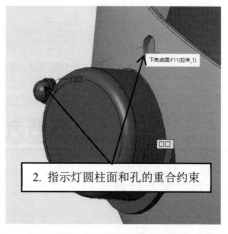

图 2-9-3　指示灯圆柱面和孔的重合约束

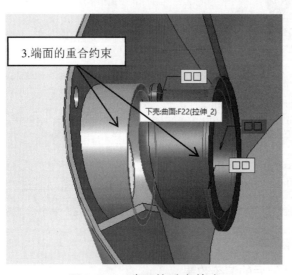

图 2-9-4　端面的重合约束

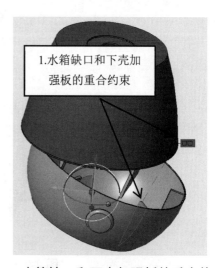

图 2-9-5　水箱缺口和下壳加强板的重合约束（1）

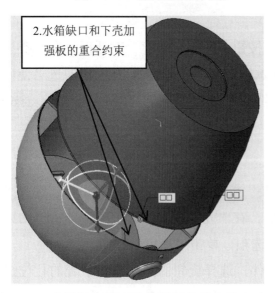

图 2-9-6　水箱缺口和下壳加强板的重合约束（2）

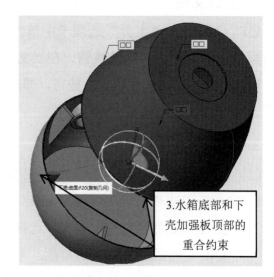

图 2-9-7　水箱底部和下壳加强板顶部的重合约束

（4）上壳的装配。导入上壳零件，先将上壳和下壳的侧面进行重合约束，如图 2-9-8 所示，再将上壳和下壳的顶面进行重合约束，如图 2-9-9 所示，完成上壳的装配。

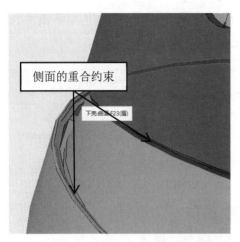

图 2-9-8　侧面的重合约束

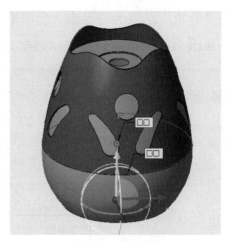

图 2-9-9　顶面的重合约束

（5）喷汽嘴的装配。导入喷汽嘴零件，先将喷汽嘴的圆柱面和水箱的孔面进行重合约束，如图 2-9-10 所示。再将喷汽嘴的底面和水箱的顶面进行重合约束，如图 2-9-11 所示，完成喷汽嘴的装配。

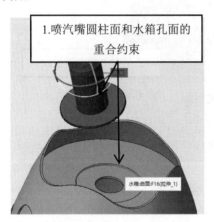

图 2-9-10　喷汽嘴圆柱面和水箱孔面的重合约束

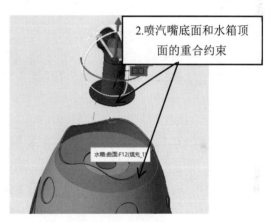

图 2-9-11　喷汽嘴底面和水箱顶面的重合约束

（6）装饰片的装配。导入装饰片零件，先将装饰片的圆柱面和喷汽嘴止口的圆柱面进行重合约束，如图 2-9-12 所示。再将两个零件的贴合平面进行重合约束，如图 2-9-13 所示，完成装饰片的装配。

图 2-9-12　装饰片圆柱面和喷汽嘴止口圆柱面的重合约束

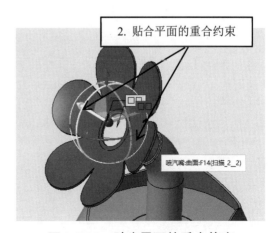

图 2-9-13　贴合平面的重合约束

3．装配体的干涉检查

在"分析"选项卡中单击"全局干涉"按钮，弹出"全局干涉"对话框，单击"预览"按钮，如果没有错误提示，则表示装配正确，如图 2-9-14 所示。

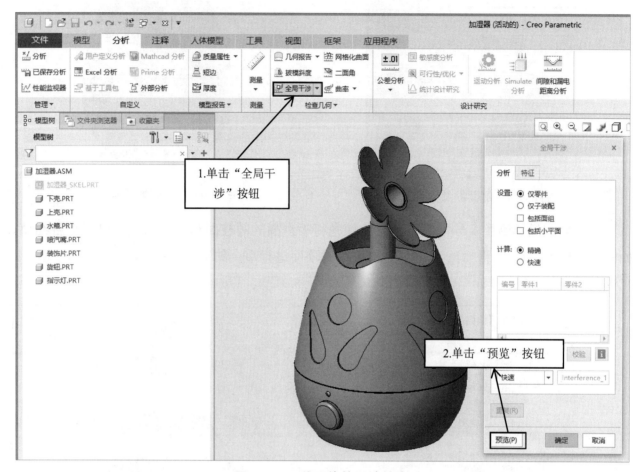

图 2-9-14　装配体的干涉检查

拓展任务　加湿器 3D 打印

扫码查阅

项目三

遥控器造型设计

项目描述

遥控器是生活中常见的塑料产品，通过按键可以在一定范围内实现遥控功能。遥控器的外观一般为壳体造型，涉及结构关系的零件主要包括上壳和下壳、壳体和 PCB 堆叠板、壳体和各按键板等。

项目目标

1．熟练掌握自顶向下的设计理念；

2．深入理解构建骨架模型的设计要求和方法；

3．掌握合并曲面、偏移曲面、复制曲面、修剪曲面等操作；

4．通过对产品结构设计严谨性的训练，培养学生精益求精的工匠精神。

项目完成效果

遥控器三维造型设计效果图如图 3-1-1 所示。

图 3-1-1　遥控器三维造型设计效果图

项目导读

奋斗者·正青春，大国"小匠"：精益求精 让梦想成为可能

2022 年 8 月 20 日，首届世界职业院校技能大赛在天津落下帷幕，来自天津职业大学的赵兴元团队获得了增材制造技术赛项的冠军。

增材制造是一种新兴技术，如今正在被应用于大火箭、大飞机等先进制造业。在首届世界职业院校技能大赛增材制造技术赛项现场，选手们需要通过 3D 打印技术设计出一款工业产品，这考验的是选手们对力学结构、设计建模、精确制造的全方位把握。

对于风扇的设计，齿轮的数量、底壳的外观、扇叶的弧度，每一个变量的细微变化都可能使风扇产生新的问题。这段时间以来，他们做了上百次的组合尝试。凭借着精准到 0.1 毫米的执着追求和坚持不懈的创新尝试，他们终于找到了风扇流畅转动的最优解，最终获得了这一赛项的冠军。

赵兴元团队回忆道："以前大国重器对我们来说是高不可攀的，但是当我们站在世界级的领奖台上，才发现将平凡做到极致，不断创新，也是在为制造大国重器蓄积能量。"

任务一　骨架建模

操作视频

完成遥控器骨架建模，如图 3-1-2 所示。

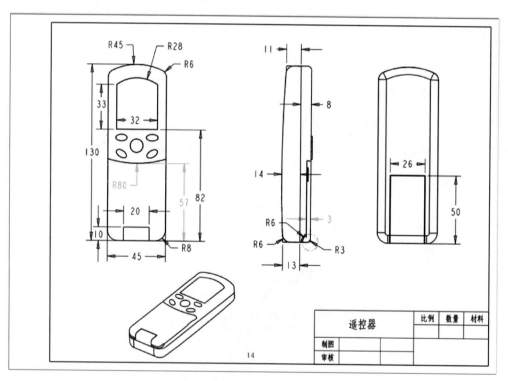

图 3-1-2　遥控器骨架

1. 创建遥控器总装配文件

新建文件，将"类型"设置为"装配"，"文件名"设置为"遥控器"，取消勾选"使用默认模板"复选框，使用公制模板，完成遥控器总装配文件的创建。

2. 遥控器骨架建模

1）创建骨架模型文件

在遥控器总装配文件中创建名为"0-遥控器_SKEL"的骨架模型文件。

2）创建外轮廓拉伸曲面特征

打开骨架模型文件，以 TOP 平面为草绘平面创建拉伸特征，绘制草绘，如图 3-1-3 所示。在"拉伸"选项卡中，单击"拉伸为曲面"按钮，单击"选项"按钮，在弹出的下拉列表中将两侧盲孔的拉伸深度分别设置为 8.00 和 15.00，单击"确定"按钮，完成外轮廓曲面拉伸特征的创建，如图 3-1-4 所示。

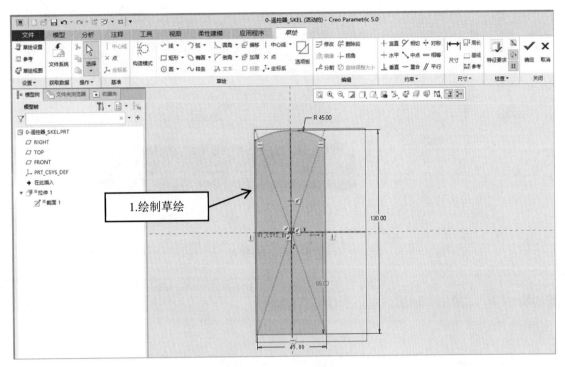

图 3-1-3　绘制草绘

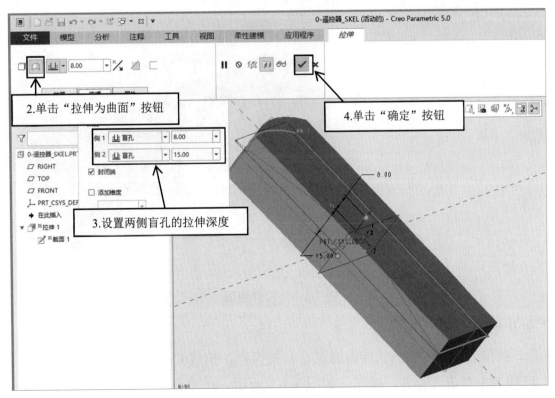

图 3-1-4　创建外轮廓拉伸曲面特征

3）创建弧形拉伸曲面特征

以 RIGHT 平面为草绘平面创建拉伸特征，绘制草绘，如图 3-1-5 所示。通过双侧拉伸将草绘拉伸为穿过模型的曲面，如图 3-1-6 所示。

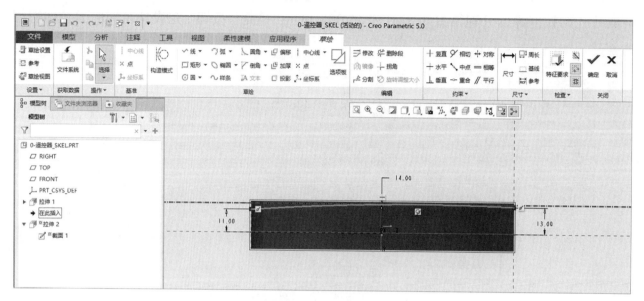

图 3-1-5　草绘

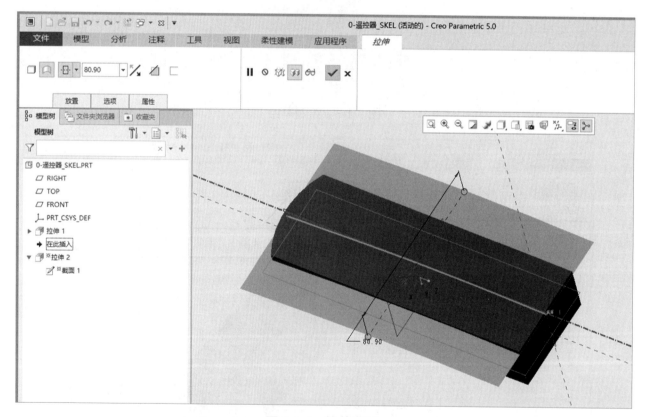

图 3-1-6　拉伸曲面

4）合并曲面

将第 2 步和第 3 步创建的拉伸曲面进行合并操作。按住 Ctrl 键，选择两个拉伸曲面，在"模型"选项卡中单击"合并"按钮，如图 3-1-7 所示。在"合并"选项卡中，调整合并箭头方向，如图 3-1-8 所示，单击"确定"按钮，完成两个曲面的合并操作，效果如图 3-1-9 所示。

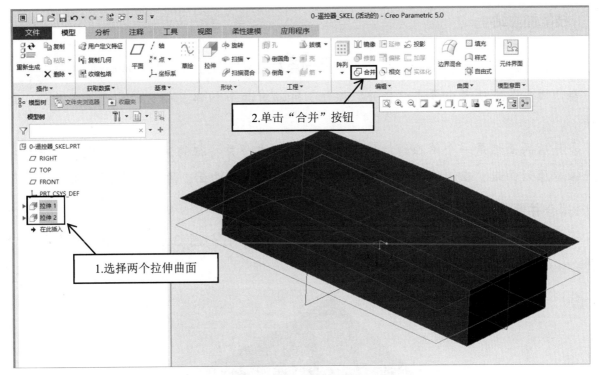

图 3-1-7 合并曲面

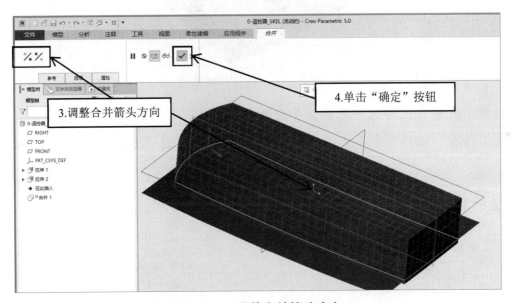

图 3-1-8 调整合并箭头方向

图 3-1-9 曲面合并效果

技能加油站

曲面合并

在"模型"选项卡中单击"合并"按钮，可以对两个相邻或相交的曲面（或面组）进行合并。

合并后的面组是一个单独的特征，主面组将变成合并特征的父项。如果删除合并特征，则仍保留原始面组。在组件模式中，只有属于相同元件的曲面，才可以进行曲面合并。

1. 合并两个面组

下面以一个例子来说明合并两个面组的操作过程。将如图 3-1-10 所示的两个面组进行合并。

图 3-1-10　待合并面组

（1）按住 Ctrl 键，同时选中需要合并的两个面组。

（2）在"模型"选项卡中单击"合并"按钮，"合并"选项卡如图 3-1-11 所示。

图 3-1-11　"合并"选项卡

图 3-1-11 中各操作的说明如下。

A：合并两个相交的面组，可以有选择性地保留原始面组的各部分。

B：合并两个相邻的面组，一个面组的一侧边必须在另一个面组上。

C：改变要保留的第一面组的侧。

D：改变要保留的第二面组的侧。

（3）选择合适的选项，定义合并类型。系统默认使用"相交"合并类型。

"相交"合并类型即交截类型，合并两个相交的面组。通过单击图 3-1-11 中的 A 按钮或 B 按钮，可以指定保留面组的哪一部分，如图 3-1-12 所示。

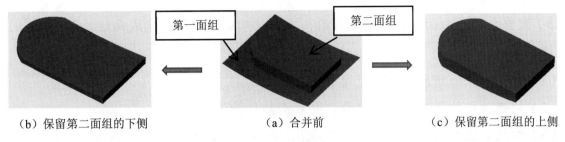

（b）保留第二面组的下侧　　　　　　　（a）合并前　　　　　　　（c）保留第二面组的上侧

图 3-1-12 "相交"合并类型

"联接"合并类型即连接类型，合并两个相邻的面组，其中一个面组的边完全落在另一个面组上。如果一个面组超出另一个面组，则单击图 3-1-11 中的 A 按钮或 B 按钮，可以指定保留面组的哪一部分，如图 3-1-13 所示。

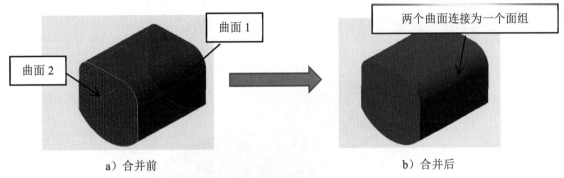

a）合并前　　　　　　　　　　　b）合并后

图 3-1-13 "联接"合并类型

（4）预览合并后的面组，确认无误后，单击"确定"按钮，完成面组的合并。

2. 合并多个面组

下面以如图 3-1-14 所示的模型为例，说明合并多个面组的操作过程。

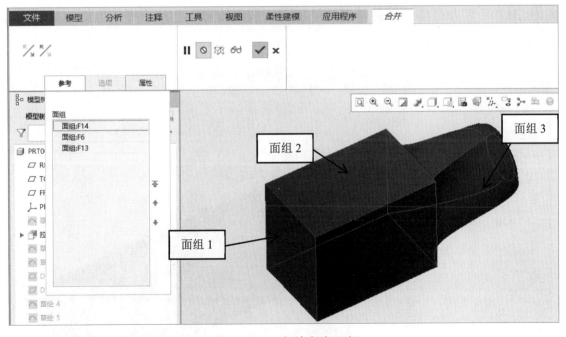

图 3-1-14 合并多个面组

（1）按住 Ctrl 键，同时选中需要合并的三个面组。

（2）在"模型"选项卡中单击"合并"按钮，在"合并"选项卡中进行相关设置。

（3）预览合并后的面组，确认无误后，单击"确定"按钮，完成面组的合并。

> **技巧提示**
>
> （1）如果多个面组相交，则无法合并。
>
> （2）所选面组的所有边不得重叠，并且必须彼此邻接。
>
> （3）面组会以选取时的顺序放在"面组"列表框中。不过，如果使用区域选取的方式，则在"面组"列表框中的面组会根据它们在"模型树"选项卡中的特征编号进行排序。

5）创建骨架模型公共曲面

以 RIGHT 平面为草绘平面创建拉伸特征，绘制一条经过 TOP 平面的直线并将其拉伸为穿透模型的曲面，如图 3-1-15 所示，完成骨架模型公共曲面的创建。

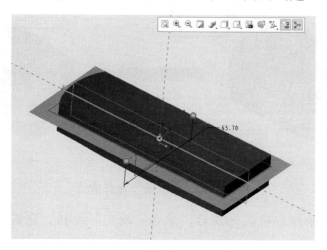

图 3-1-15　骨架模型公共曲面

6）创建旋转曲面特征

以 RIGHT 平面为草绘平面创建旋转特征，绘制草绘和中心线，使用"旋转"功能将草绘旋转为曲面，如图 3-1-16 所示。

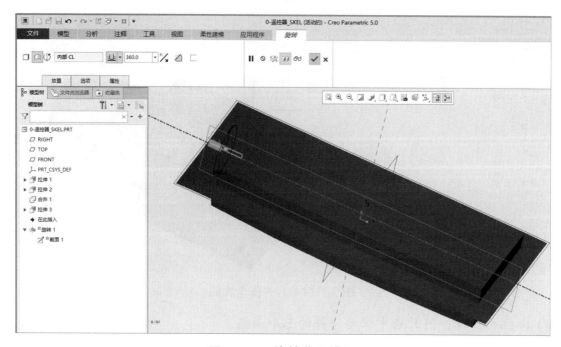

图 3-1-16　旋转曲面特征

7）倒圆角

根据图纸尺寸进行倒圆角操作，如图 3-1-17 所示。

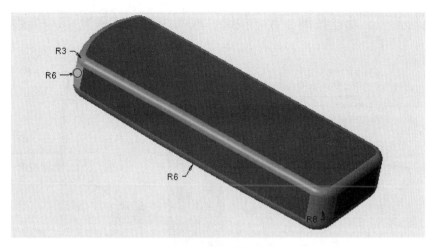

图 3-1-17　倒圆角

完成后的遥控器骨架如图 3-1-18 所示，保存文件。

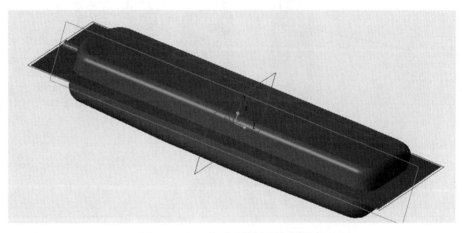

图 3-1-18　完成后的遥控器骨架

任务评价表

任务一　骨架建模						
序号	检测项目	配分	评分标准	自评	组评	师评
1	外轮廓拉伸曲面特征	15	该特征是否符合图纸尺寸要求			
2	弧形拉伸曲面特征	15	该特征是否符合图纸尺寸要求			
3	曲面合并	20	曲面合并是否正确			
4	骨架模型公共曲面	15	是否有该特征			
5	旋转曲面特征	15	是否有该特征			
6	倒圆角特征	10	是否符合要求			
7	其他	10	是否有其他问题，酌情配分			
8	合计					
互评学生 姓名						

任务二 上壳组件建模

上壳组件包括上壳、功能按键、数字按键、双面胶布、屏幕镜片、按键盖共 6 个零件，如图 3-2-1 所示。

操作视频

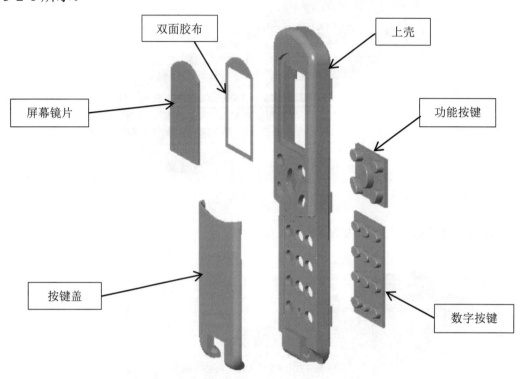

图 3-2-1 上壳组件

完成上壳零件建模，上壳零件图如图 3-2-2 所示。

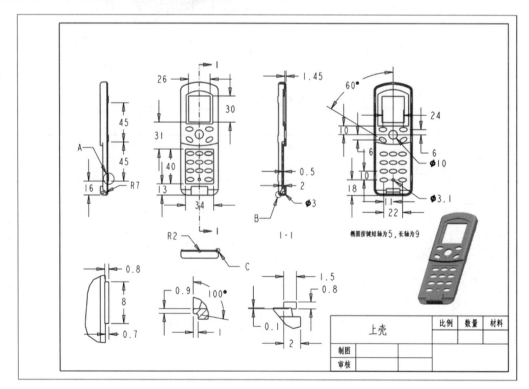

图 3-2-2 上壳零件图

1. 创建上壳组件子装配文件

在总装配文件中创建子装配文件。打开总装配文件"遥控器.ASM"，在"模型"选项卡中单击"创建"按钮，弹出"创建元件"对话框，选中"子装配"单选按钮，在"文件名"文本框中输入"上壳组件"，单击"确定"按钮，如图 3-2-3 所示。

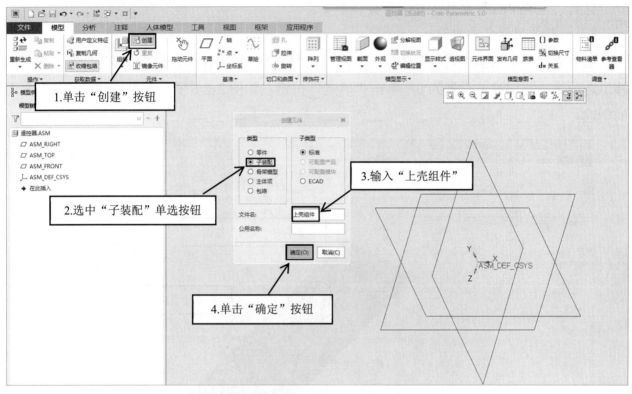

图 3-2-3　创建上壳组件子装配文件（1）

在"元件放置"选项卡中单击"约束类型"下拉按钮，在弹出的下拉列表中选择"默认"选项，单击"确定"按钮，如图 3-2-4 所示，完成上壳组件子装配文件的创建。

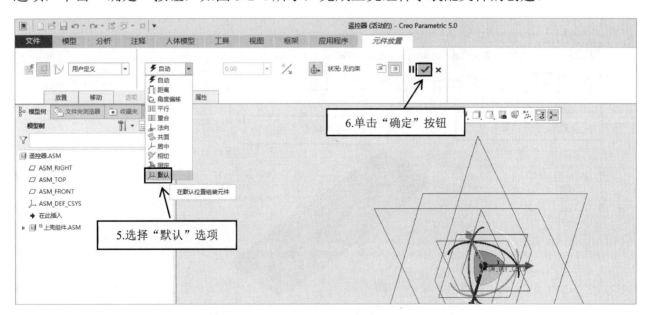

图 3-2-4　创建上壳组件子装配文件（2）

2. 上壳零件建模

1）创建上壳

在"上壳组件.ASM"文件中创建"上壳.PRT"文件。

2）导入骨架模型文件

打开"上壳.PRT"文件，导入骨架模型文件。

3）偏移骨架模型中曲面

选中骨架模型的面组，如图 3-2-5 所示，在"模型"选项卡中单击"偏移"按钮。在"偏移"选项卡中将偏移值设置为 0，单击"确定"按钮，如图 3-2-6 所示，完成"偏移 1"曲面的创建。

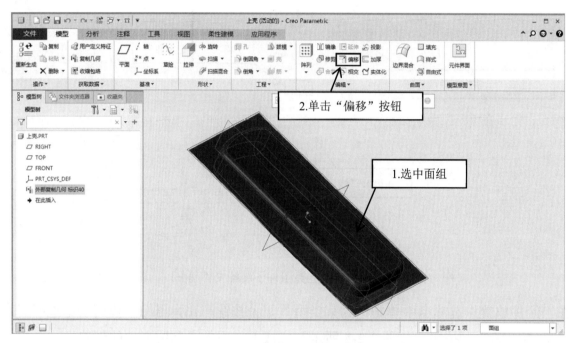

图 3-2-5　选中曲面

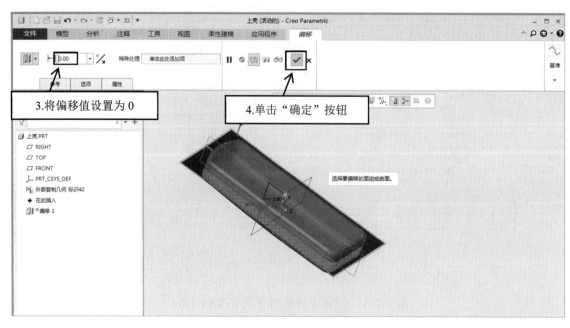

图 3-2-6　设置偏移值

重复上述操作，完成"偏移 2"曲面和"偏移 3"曲面的创建，三个曲面的偏移效果如图 3-2-7 所示。

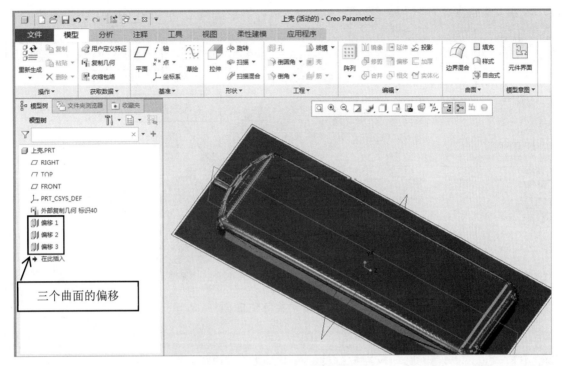

图 3-2-7　三个曲面的偏移效果

4）合并曲面

在"模型树"选项卡中选中"外部复制几何 标识 40"选项并将其隐藏。在"模型"选项卡中单击"合并"按钮，合并"偏移 1"曲面和"偏移 2"曲面，隐藏"偏移 3"曲面，合并效果如图 3-2-8 所示。

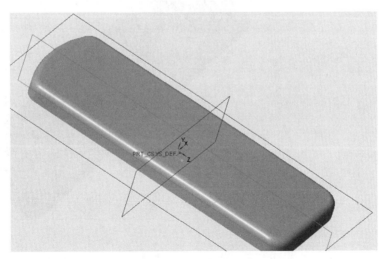

图 3-2-8　合并效果

5）实体化曲面

选中第 4 步创建的"合并 1"曲面，在"模型"选项卡中单击"实体化"按钮，对其进行实体化操作，如图 3-2-9 所示。在"实体化"选项卡中单击"确定"按钮，完成曲面的实体化操作，效果如图 3-2-10 所示。

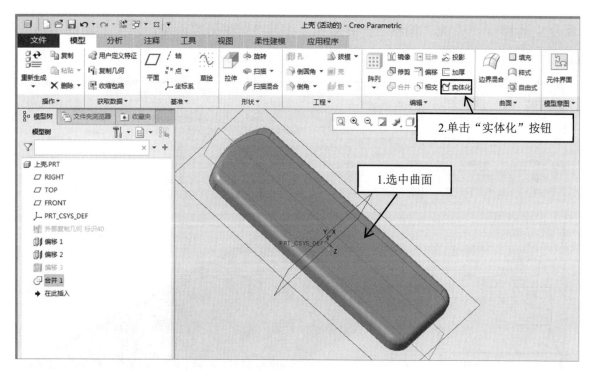

图 3-2-9　实体化曲面

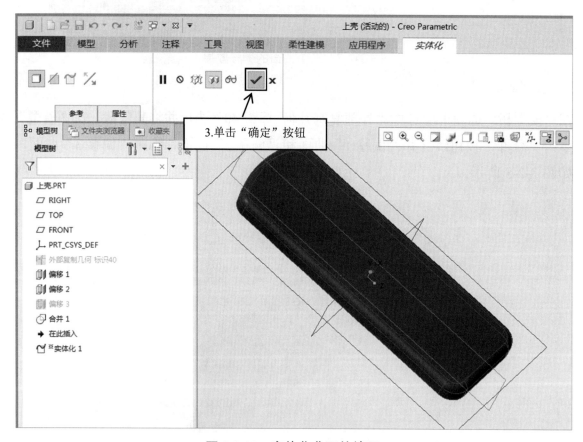

图 3-2-10　实体化曲面的效果

 技能加油站

使用实体化功能创建实体

在"模型"选项卡中单击"实体化"按钮，可以将面组用作实体边界来创建实体。

1. 使用封闭的面组创建实体

如图 3-2-11 所示，可以将一个面组转化为实体。使用封闭的面组创建实体的操作步骤如本任务中"5.实体化曲面"的操作过程。需要注意的是，在进行实体化操作前，需要将模型中分离的曲面"合并"成一个封闭的面组。

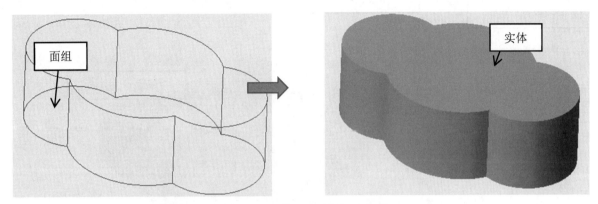

图 3-2-11　将面组转化为实体

2. 使用曲面创建实体表面

可以使用一个面组通过实体化操作来代替实体零件的一整个表面，操作过程如下。

选中曲面，如图 3-2-12 所示，在"模型"选项卡中单击"实体化"按钮，在"实体化"选项卡中单击"移除面组内侧或外侧的材料"按钮，调整箭头方向，单击"确定"按钮，完成曲面的实体化操作，如图 3-2-13 所示。

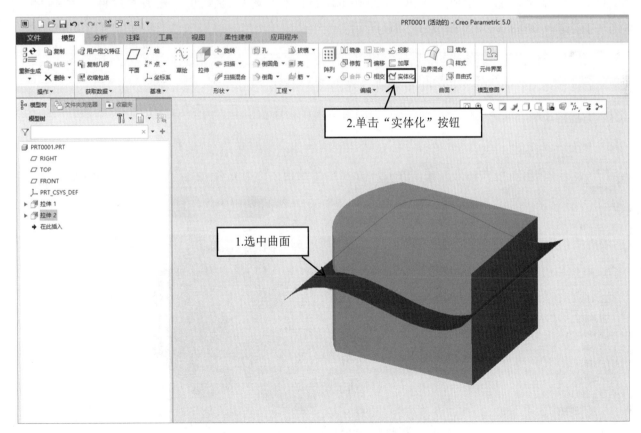

图 3-2-12　使用曲面创建实体表面（1）

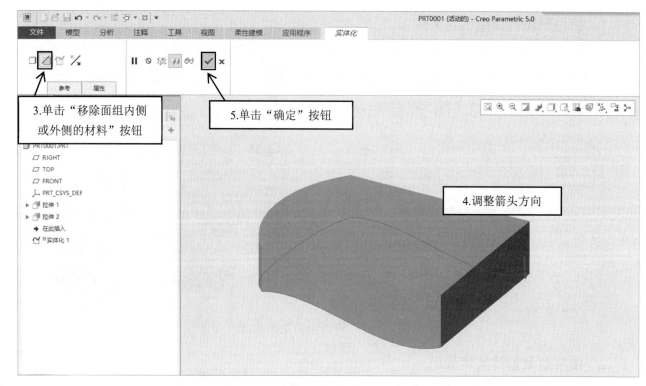

图 3-2-13　使用曲面创建实体表面（2）

6）创建拉伸按键盖配合处的特征

以 TOP 平面为草绘平面，创建拉伸按键盖配合处的"拉伸 1"特征，如图 3-2-14 所示。使用相同的操作方法，分别以 TOP 平面和 RIGHT 平面为草绘平面，完成"拉伸 2""拉伸 3"特征的创建，如图 3-2-15 和图 3-2-16 所示。

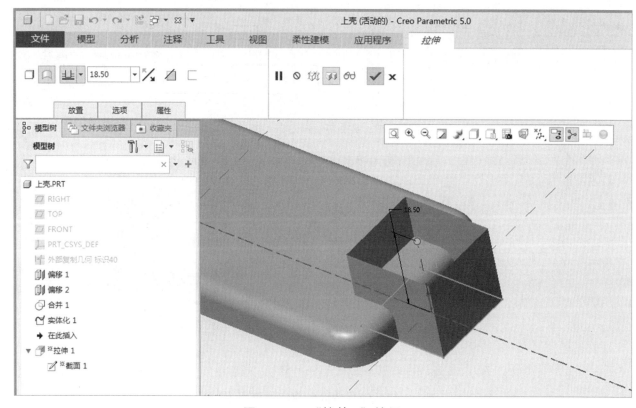

图 3-2-14　"拉伸 1"特征

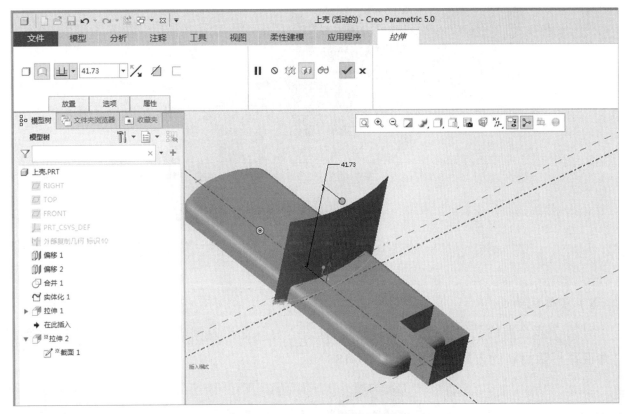

图 3-2-15　"拉伸 2"特征

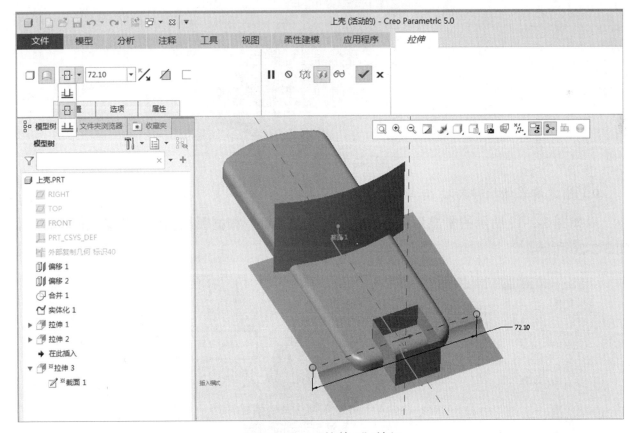

图 3-2-16　"拉伸 3"特征

7）合并曲面

将第 6 步中的三个拉伸曲面合并为一个面组，效果如图 3-2-17 所示。

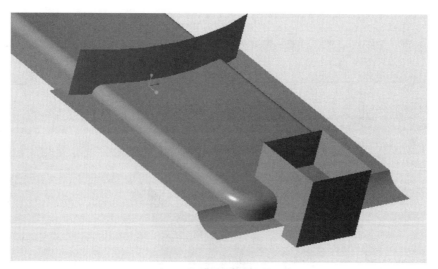

图 3-2-17　合并效果

8）实体化曲面

对第 7 步合并的面组进行实体化操作。通过"移除面组内侧或外侧的材料"按钮移除材料并调整移除材料的方向，效果如图 3-2-18 所示。

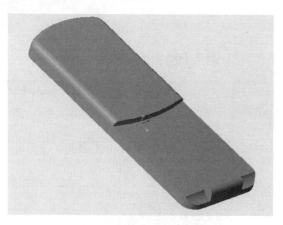

图 3-2-18　实体化效果

9）创建屏幕槽拉伸特征

以如图 3-2-19 所示的平面为草绘平面创建拉伸特征，根据图纸创建屏幕槽拉伸特征，如图 3-2-20 所示。

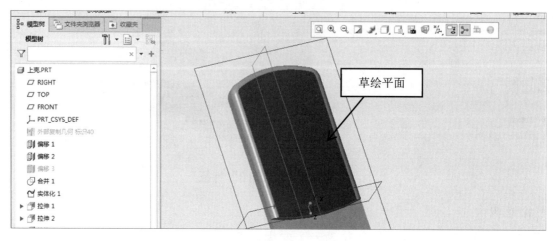

图 3-2-19　草绘平面

图 3-2-20　屏幕槽拉伸特征

10）创建抽壳特征

对模型进行抽壳操作，注意将模型底部的平面移除，抽壳特征的效果如图 3-2-21 所示。

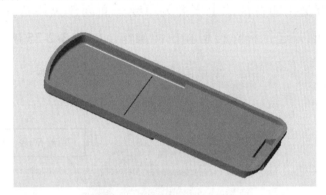

图 3-2-21　抽壳特征的效果

11）创建方槽拉伸特征

以如图 3-2-22 所示的平面为草绘平面创建拉伸特征，根据图纸创建方槽拉伸特征，如图 3-2-23 所示。

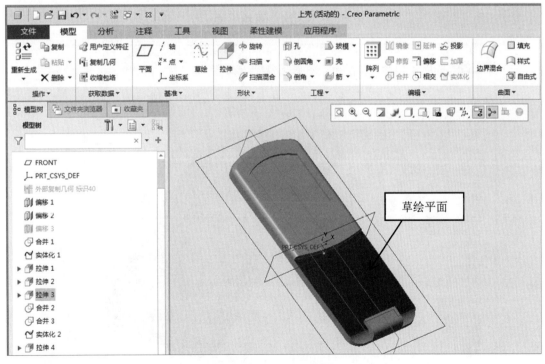

图 3-2-22　草绘平面

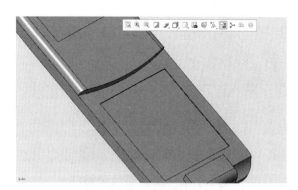

图 3-2-23　方槽拉伸特征

12）创建数字按键孔特征

以第 11 步创建的方槽拉伸特征的上表面为草绘平面创建拉伸特征，如图 3-2-24 所示。根据图纸绘制单个椭圆轮廓并进行移除材料和拉伸操作，如图 3-2-25 所示。

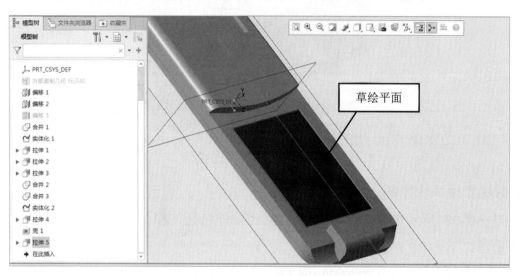

图 3-2-24　草绘平面

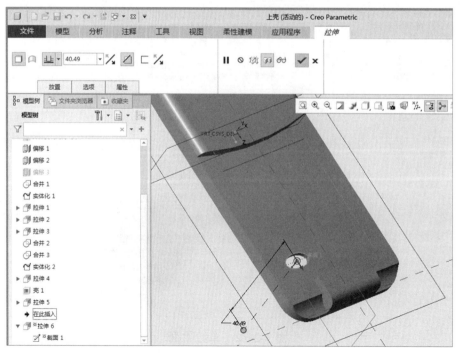

图 3-2-25　椭圆孔拉伸特征

在"模型"选项卡中单击"阵列"按钮，对椭圆孔拉伸特征进行阵列操作。在"模型树"选项卡中选择"拉伸 6"选项（椭圆孔拉伸特征），在"模型"选项卡中单击"阵列"按钮，如图 3-2-26 所示。单击"阵列类型"下拉按钮，在弹出的下拉列表中选择"方向"选项，如图 3-2-27 所示。单击第一方向参考框，将 RIGHT 平面作为第一参考方向，将第一方向阵列成员数设置为 3，距离设置为 11.00，接着单击第二方向参考框，将 FRONT 平面作为第二参考方向，将第二方向阵列成员数设置为 4，距离设置为 10.00，如图 3-2-28 所示，单击"确定"按钮。

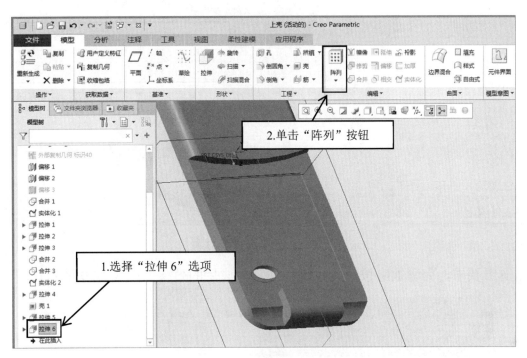

图 3-2-26 创建阵列特征

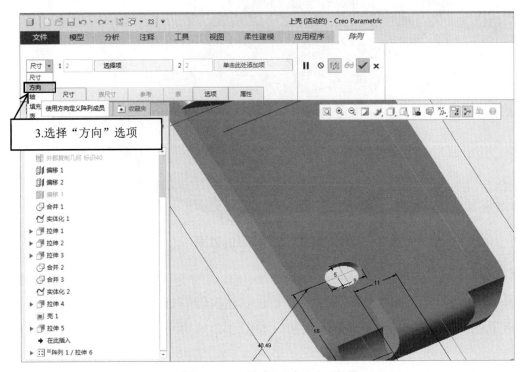

图 3-2-27 选择"方向"选项

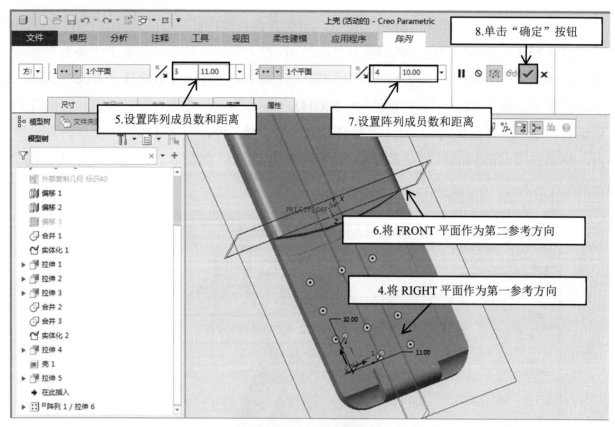

图 3-2-28　方向阵列设置

根据图纸要求，完善数字按键孔拉伸特征，完成后的效果如图 3-2-29 所示。

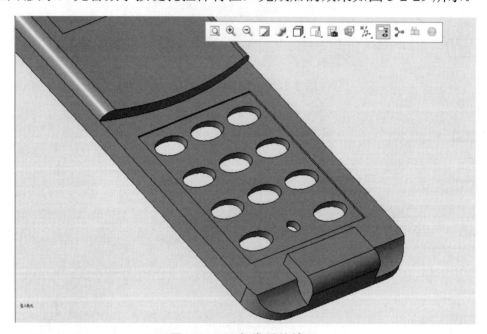

图 3-2-29　完成后的效果

13）创建屏幕矩形槽特征

以屏幕处方槽拉伸特征的上表面为草绘平面创建拉伸特征，如图 3-2-30 所示。根据图纸绘制屏幕矩形槽并将其拉伸至穿透壳体底部，如图 3-2-31 所示。

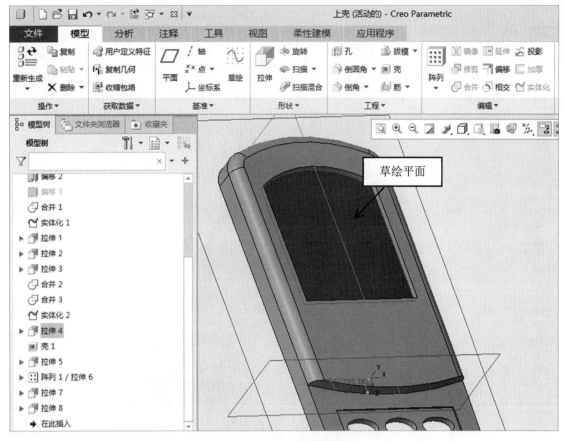

图 3-2-30　草绘平面

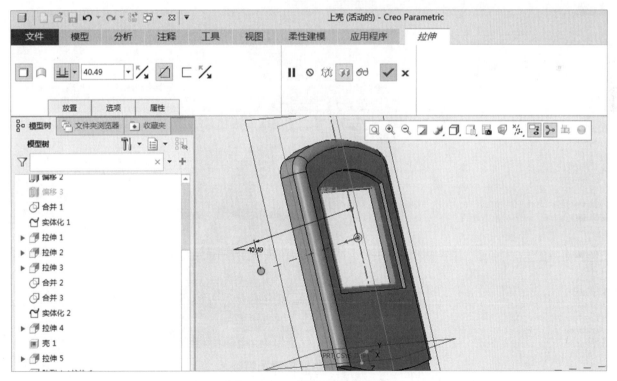

图 3-2-31　屏幕矩形槽特征

14）创建功能按键孔特征

以如图 3-2-32 所示的平面为草绘平面创建拉伸特征。根据图纸绘制功能按键孔并将其拉伸至穿过壳体底部，如图 3-2-33 所示，完成功能按键孔特征的创建。

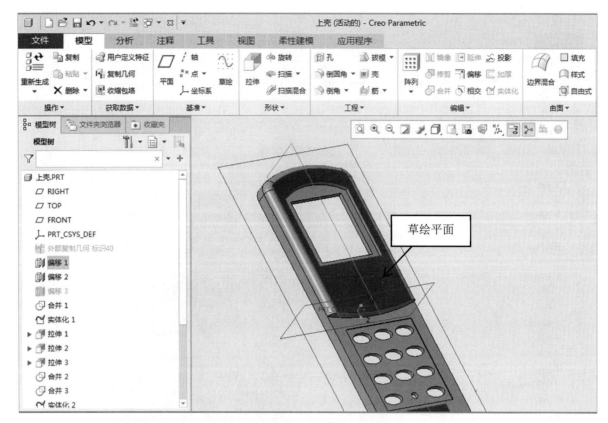

图 3-2-32　草绘平面

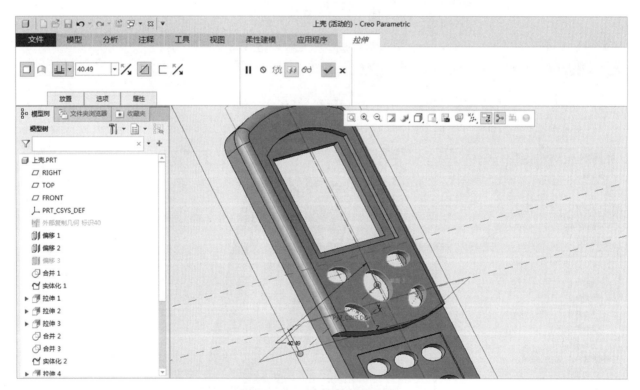

图 3-2-33　功能按键孔特征

15）创建止口扫描特征

选中 TOP 平面创建草绘，使用投影功能投影壳体外轮廓封闭线框，并且将其作为扫描路径，如图 3-2-34 所示。

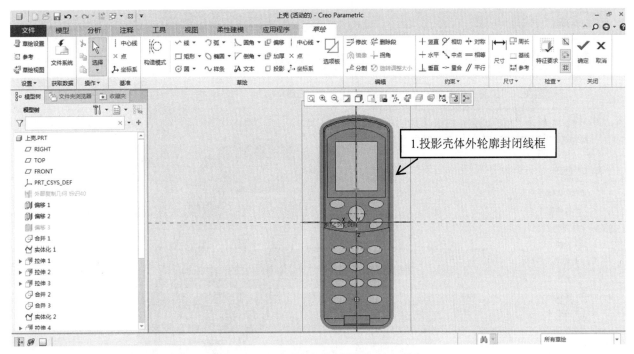

图 3-2-34　投影壳体外轮廓封闭线框

　　在"模型树"选项卡中选择"草绘 1"选项，在"模型"选项卡中单击"扫描"按钮，如图 3-2-35 所示。在"扫描"选项卡中单击"创建或偏移扫描截面"按钮，如图 3-2-36 所示。进入草绘编辑界面，在摆正视图后，在图形工具条中单击"显示样式"下拉按钮，在弹出的下拉列表中选择"线框"选项。根据图纸绘制扫描截面，如图 3-2-37 所示，单击"确定"按钮。在"扫描"选项卡中再次单击"确定"按钮，完成止口扫描特征的创建，如图 3-2-38 所示。

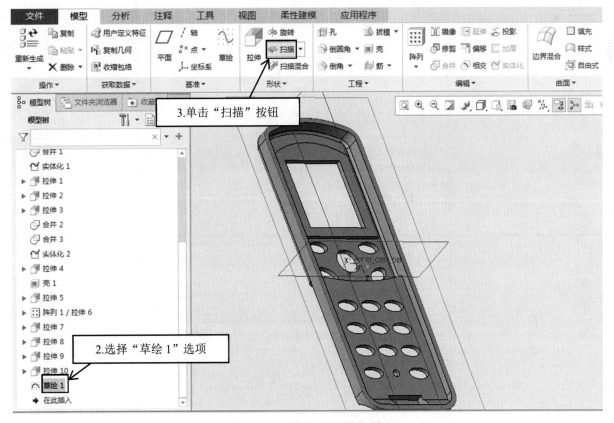

图 3-2-35　单击"扫描"按钮

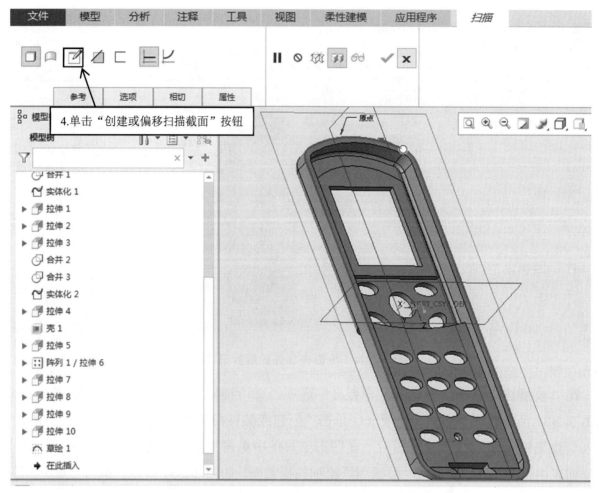

图 3-2-36　单击"创建或偏移扫描截面"按钮

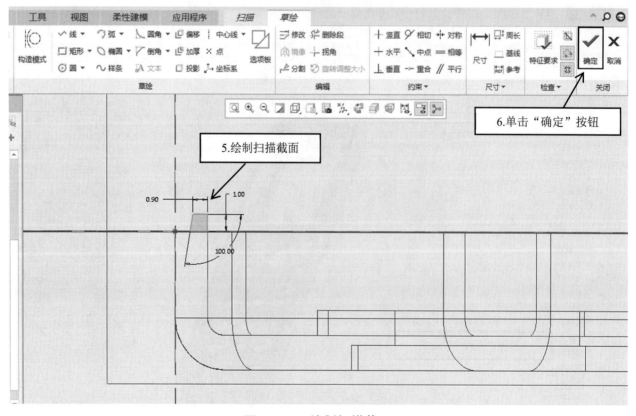

图 3-2-37　绘制扫描截面

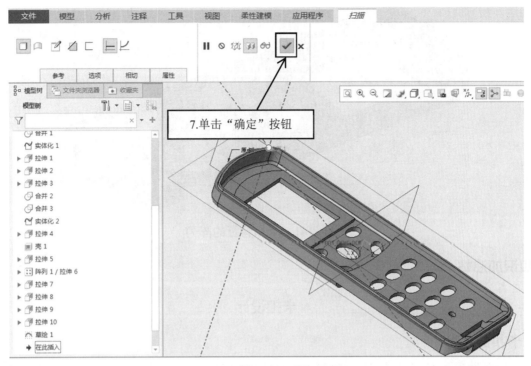

图 3-2-38 单击"确定"按钮

16）创建卡扣特征

以如图 3-2-39 所示的平面为参考平面创建 DTM1 基准平面，如图 3-2-39 所示。

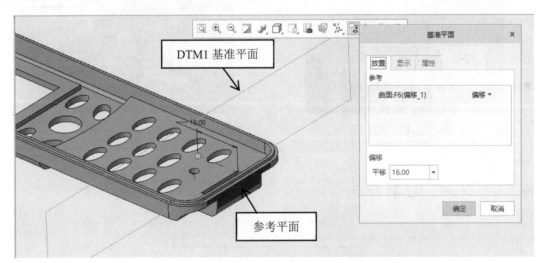

图 3-2-39 创建 DTM1 基准平面

以 DTM1 基准平面为草绘平面创建卡扣特征，如图 3-2-40 所示。接着使用阵列中的"方向"操作类型创建卡扣特征的阵列，如图 3-2-41 所示。

图 3-2-40 卡扣特征

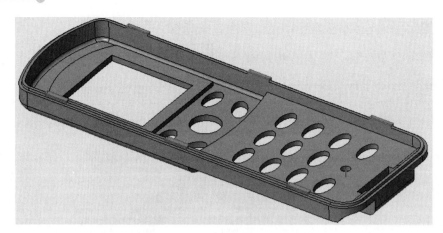

图 3-2-41　卡扣特征的阵列

 **知识加油站**

卡扣设计

1. 卡扣的分类

卡扣又被称为扣位、卡扣位，和螺钉一样，起固定和连接作用。卡扣分为公扣和母扣，分别做在两个不同的壳体上。母扣如图 3-2-42 所示，公扣如图 3-2-43 所示。

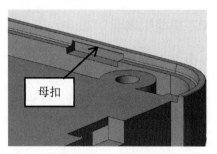

图 3-2-42　母扣

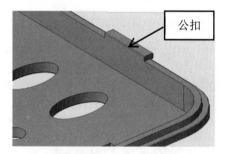

图 3-2-43　公扣

2. 卡扣横向配合

卡扣横向配合如图 3-2-44 所示。

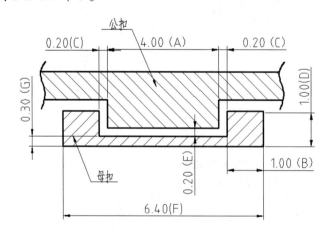

图 3-2-44　卡扣横向配合

尺寸说明。

（1）尺寸 A 是公扣的宽度（又被称为卡扣宽度），此宽度可以根据需要进行设计，尺寸建议在 2.00~6.00mm 范围内，常用的尺寸是 4.00mm。

（2）尺寸 B 是母扣两侧的厚度，为保证卡扣有足够的强度，常用的尺寸是 1.00mm，最少是 0.80mm。

（3）尺寸 C 是公扣与母扣两侧的间隙。

（4）尺寸 D 是母扣另一侧的厚度，常用的尺寸是 1.00mm，最少是 0.80mm。

（5）尺寸 E 是公扣与母扣另一侧的间隙。

（6）尺寸 F 是母扣的宽度，根据公扣的宽度和与母扣的间隙自然得出。

（7）尺寸 G 是母扣封胶的厚度。

3. 卡扣纵向配合

卡扣纵向配合如图 3-2-45 所示。

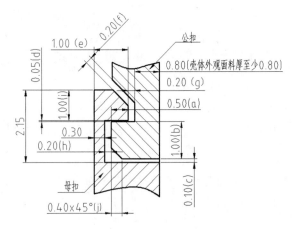

图 3-2-45　卡扣纵向配合

尺寸说明。

（1）尺寸 a 是卡扣的配合量（扣合量），设计要合理，大了就很难拆，小了就起不到连接的作用。尺寸建议在 0.35~0.60mm 范围内，常用的扣合量尺寸是 0.50mm。

（2）尺寸 b 是公扣的厚度，为保证卡扣有足够的强度，常用的尺寸是 1.00mm，最少是 0.80mm。

（3）尺寸 c 是公扣上表面和底壳分模面的差值，公扣上表面比底壳分模面低，一般不小于 0.05mm，常用的尺寸是 0.10mm。这种设计主要有利于模具加工和修整，以免模具因加工误差而造成卡扣上表面高出分模面，从而影响斜顶出模和壳体装配。

（4）尺寸 d 是母扣和公扣的 Z 向（厚度方向）的间隙，不能过大，以免卡扣没有起到作用。

（5）尺寸 e 是母扣的厚度，为保证卡扣有足够的强度，常用的尺寸是 1.00mm，最少是 0.80mm。

（6）尺寸 f 是母扣和公扣倒角边的避让间隙，不少于 0.20mm。

（7）尺寸 g 是母扣和公扣的避让间隙，不少于 0.20mm。

（8）尺寸 h 也是母扣和公扣的避让间隙，不少于 0.20mm。这个间隙在设计时可以大一点，当扣合量不够时可以加胶。

（9）尺寸 i 是母扣顶部的厚度，为保证卡扣有足够的强度，常用的尺寸是 1.00mm，最少是 0.80mm。

（10）尺寸 j 是公扣的倒角，为方便装配，倒角尺寸为 0.40mm×45°。

17）创建指示灯孔特征

使用实体化功能对"模型树"选项卡中"偏移 3"曲面进行实体化操作，完成指示灯孔特征的创建，如图 3-2-46 所示。

18）创建销孔特征

使用拉伸功能创建销孔特征，如图 3-2-47 所示。

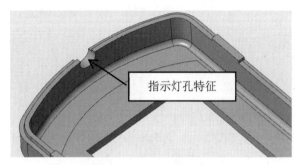

图 3-2-46　指示灯孔特征　　　　　　　图 3-2-47　销孔特征

19）创建偏移曲面特征

选中弧形曲面，如图 3-2-48 所示，在"模型"选项卡中单击"偏移"按钮。在"偏移"选项卡中单击"偏移类型"下拉按钮，在弹出的下拉列表中选择"展开特征"选项，将偏移值设置为 1.00，调整箭头方向使其向下，单击"确定"按钮，如图 3-2-49 所示。

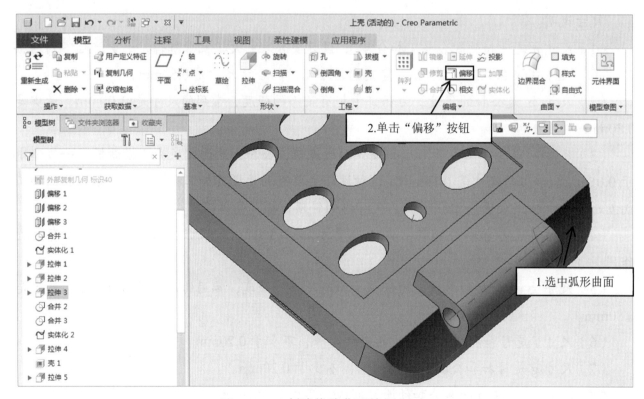

图 3-2-48　创建偏移曲面特征（1）

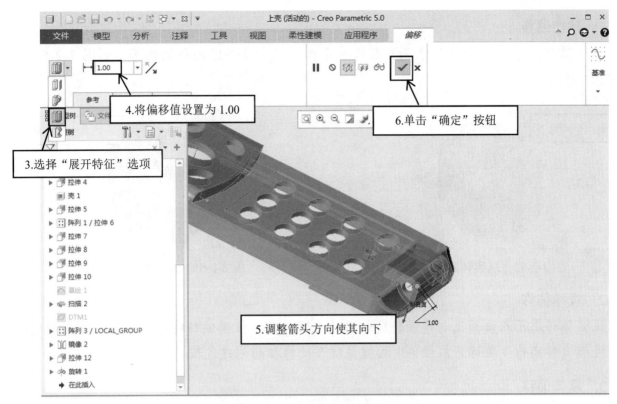

图 3-2-49　创建偏移曲面特征（2）

技能加油站

偏移曲面

在"模型"选项卡中单击"偏移"按钮可以创建偏移的曲面。注意，要激活"偏移"选项卡，首先要选择一个曲面。"偏移"选项卡如图 3-2-50 所示。

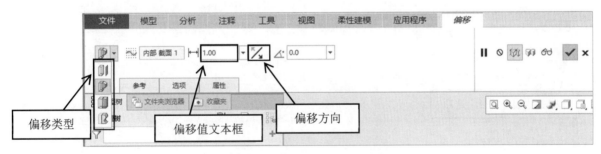

图 3-2-50　"偏移"选项卡

偏移类型如图 3-2-51 所示。

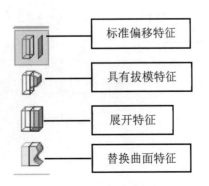

图 3-2-51　偏移类型

1. 标准偏移

标准偏移用于从一个实体表面(或从一个曲面表面)创建偏移的曲面,如图 3-2-52 和图 3-2-53 所示。

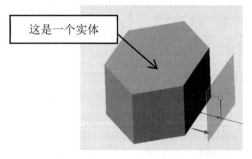

图 3-2-52 从实体表面偏移

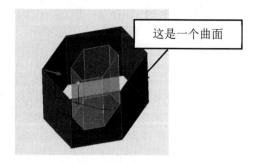

图 3-2-53 从曲面表面偏移

2. 拔模偏移

拔模偏移用于在曲面上创建带斜度侧面的区域偏移。拔模偏移特征可用于实体表面或面组。拔模偏移操作步骤详见本任务中按键盖配合处特征的创建过程。

3. 展开偏移

展开偏移用于在实体或曲面上创建凸起或凹陷的几何形状特征,具体操作过程如下。首先选中曲面并在"模型"选项卡中单击"偏移"按钮,在"偏移"选项卡中单击"偏移类型"下拉按钮,在弹出的下拉列表中选择"展开特征"选项,单击"选项"按钮,在弹出的下拉列表中单击"定义"按钮,选中 TOP 平面,将 TOP 平面定义为草绘平面,如图 3-2-54 所示。在 TOP 平面上绘制展开偏移轮廓草绘,如图 3-2-55 所示。在"偏移"选项卡中设置偏移值并调整偏移方向,如图 3-2-56 所示,单击"确定"按钮,展开特征偏移效果如图 3-2-57 所示。

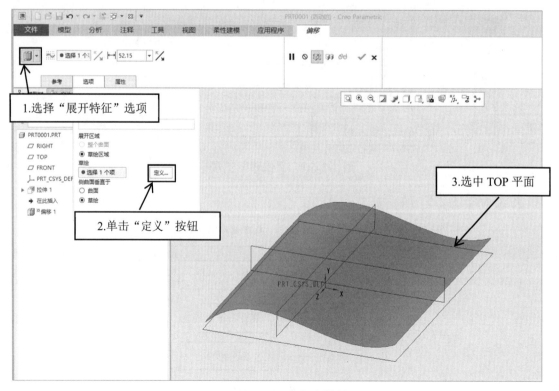

图 3-2-54 展开偏移操作

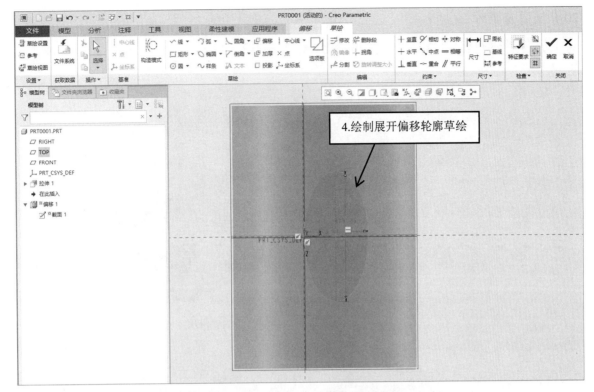

图 3-2-55　绘制展开偏移轮廓草绘

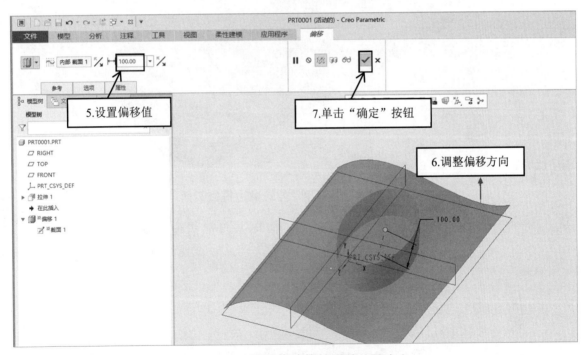

图 3-2-56　设置偏移值并调整偏移方向

图 3-2-57　展开特征偏移效果

20）倒圆角操作

对上壳零件进行倒圆角操作，如图 3-2-58 和图 3-2-59 所示。

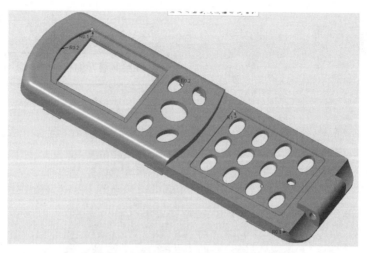

图 3-2-58   上壳零件上表面各处倒圆角

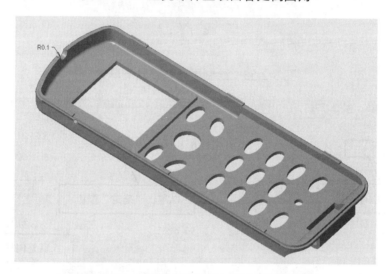

图 3-2-59   上壳零件外轮廓边框倒圆角

完成后的遥控器上壳零件建模效果如图 3-2-60 所示，最后保存文件。

图 3-2-60   完成后的遥控器上壳零件建模效果

3．上壳组件其余零件建模

上壳组件的其余零件如图 3-2-61～图 3-2-65 所示，建模方法参照上壳零件。

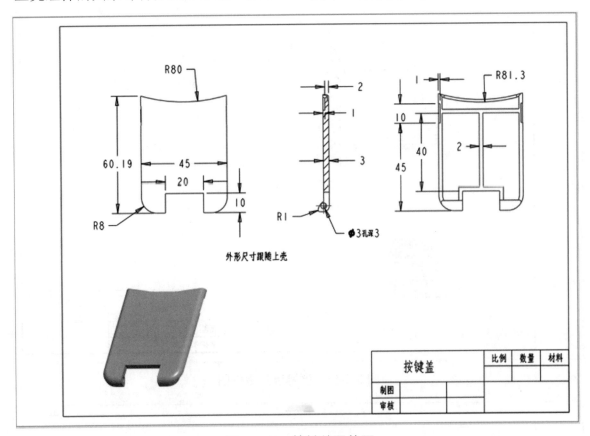

图 3-2-61　按键盖零件图

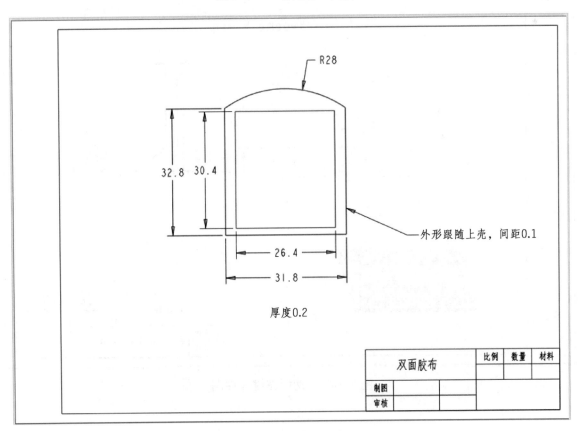

图 3-2-62　双面胶布零件图

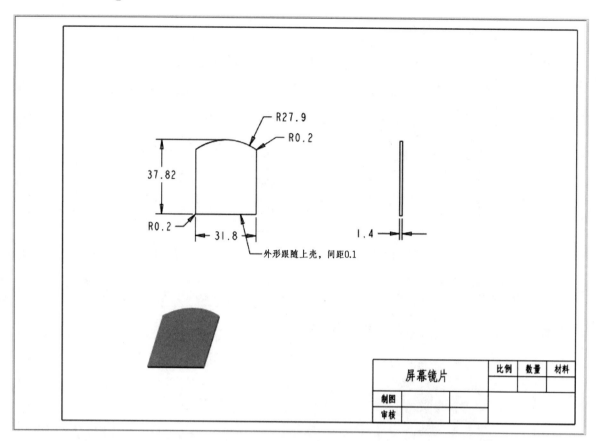

图 3-2-63　屏幕镜片零件图

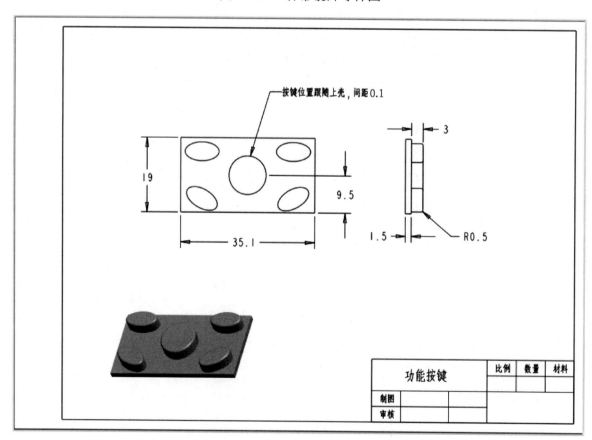

图 3-2-64　功能按键零件图

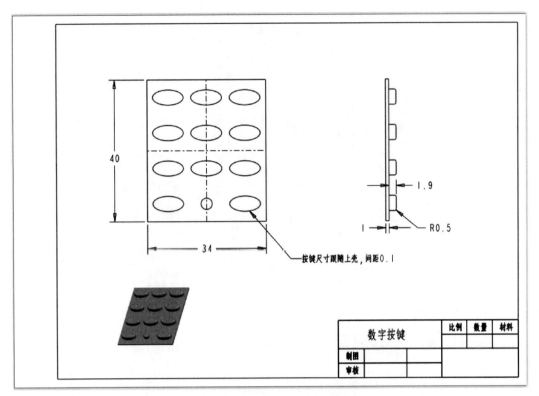

图 3-2-65 数字按键零件图

任务评价表

序号	检测项目	配分	评分标准	自评	组评	师评
			任务二 上壳组件建模			
1	上壳建模	40	该零件各处特征是否正确			
2	按键盖建模	20	该零件各处特征是否正确			
3	双面胶布建模	5	该零件各处特征是否正确			
4	屏幕镜片建模	5	该零件各处特征是否正确			
5	功能按键建模	10	该零件各处特征是否正确			
6	数字按键建模	10	该零件各处特征是否正确			
7	装配要求	10	各零件装配位置是否正确，是否存在干涉问题			
8	合计					
互评学生姓名						

任务三 下壳组件建模

操作视频

下壳组件包括下壳、电池盖和电路板 3 个零件，如图 3-3-1 所示。

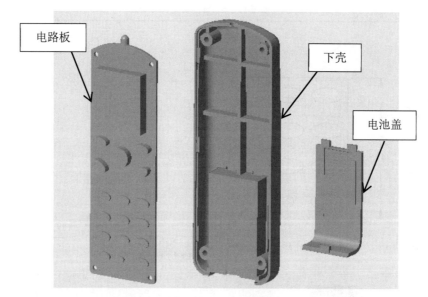

图 3-3-1 下壳组件

完成下壳零件建模，下壳零件图如图 3-3-2 所示。

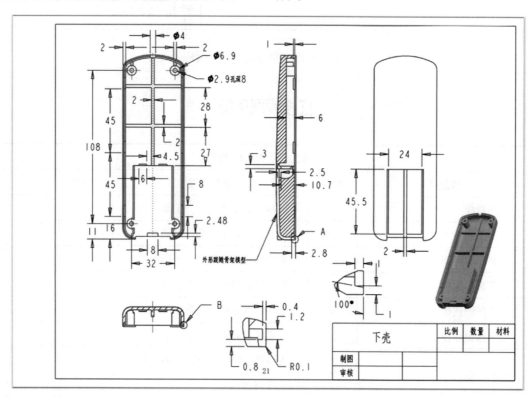

图 3-3-2 下壳零件图

1．创建下壳组件子装配文件

在总装配文件"遥控器.ASM"中创建子装配文件"下壳组件.ASM"。

2．下壳零件建模

1）创建下壳零件

打开子装配文件"下壳组件.ASM"，创建"下壳.PRT"文件。

2）导入骨架模型文件

打开"下壳.PRT"文件，导入骨架模型文件。

3）偏移、合并曲面操作

先使用偏移功能将骨架模型的曲面和面组偏移出来，再使用合并功能将"偏移1"曲面和"偏移3"曲面合并，形成下壳轮廓，合并曲面后的效果如图3-3-3所示。

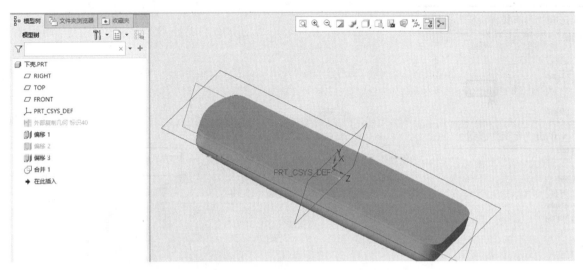

图3-3-3 合并曲面后的效果

4）拔模偏移操作

按住Ctrl键，同时选中如图3-3-4所示的曲面，在"模型"选项卡中单击"偏移"按钮。在"偏移"选项卡中单击"偏移类型"下拉按钮，在弹出的下拉列表中选择"具有拔模特征"选项，单击"参考"按钮，在弹出的下拉列表中单击"定义"按钮，选中TOP平面为草绘平面，如图3-3-5所示。根据图纸绘制偏移轮廓草绘，单击"确定"按钮，如图3-3-6所示。将偏移方向调整为向内侧，将偏移值设置为2.00，单击"确定"按钮，完成曲面的拔模偏移操作，如图3-3-7所示。

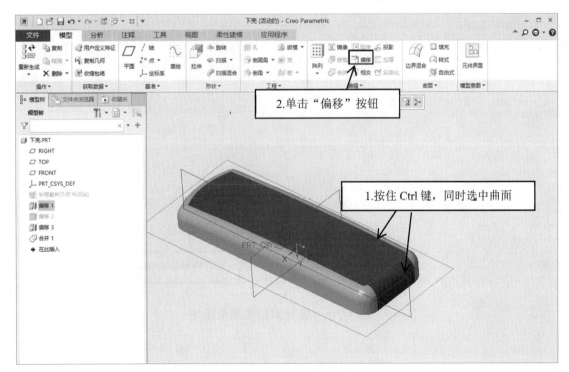

图3-3-4 创建曲面偏移

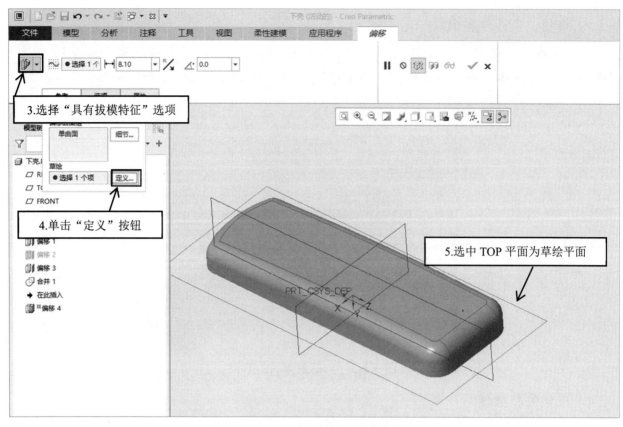

图 3-3-5　拔模偏移操作

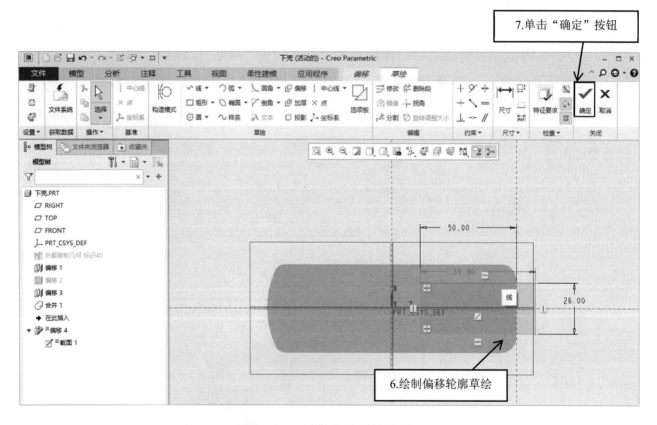

图 3-3-6　绘制偏移轮廓草绘

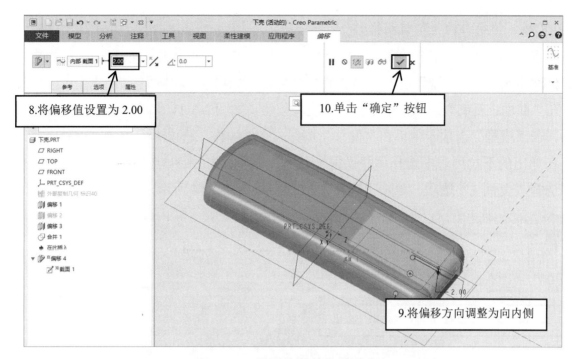

8.将偏移值设置为2.00

10.单击"确定"按钮

9.将偏移方向调整为向内侧

图 3-3-7 设置偏移值和偏移方向

5）实体化操作

选中面组进行实体化操作，效果如图 3-3-8 所示。

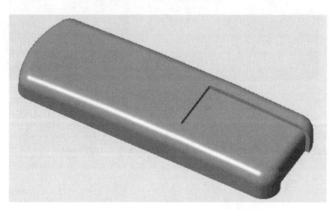

图 3-3-8 实体化的效果

6）创建电池槽拉伸特征

以 RIGHT 平面为草绘平面创建拉伸特征，根据图纸绘制电池槽特征草绘并将其拉伸为实体特征，如图 3-3-9 所示。

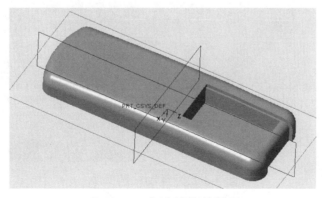

图 3-3-9 电池槽拉伸特征

7）复制、替换曲面特征偏移操作

将第 6 步拉伸电池槽产生的分割曲面通过复制、偏移曲面操作替换到同一面组中。选中产生的分割曲面，在"模型"选项卡中先单击"复制"按钮，再单击"粘贴"按钮，如图 3-3-10 所示。在"曲面：复制"选项卡中单击"确定"按钮，如图 3-3-11 所示。选中如图 3-3-12 所示的曲面，在"模型"选项卡中单击"偏移"按钮。在"偏移"选项卡中单击"偏移类型"下拉按钮，在弹出的下拉列表中选择"替换曲面特征"选项，如图 3-3-13 所示，在"模型树"选项卡中选择"复制 1"选项，单击"确定"按钮，如图 3-3-14 所示。

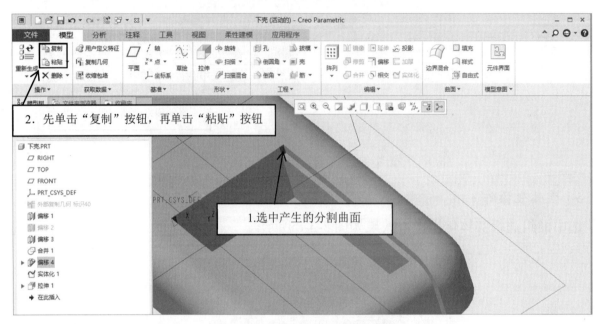

图 3-3-10　选中产生的分割曲面

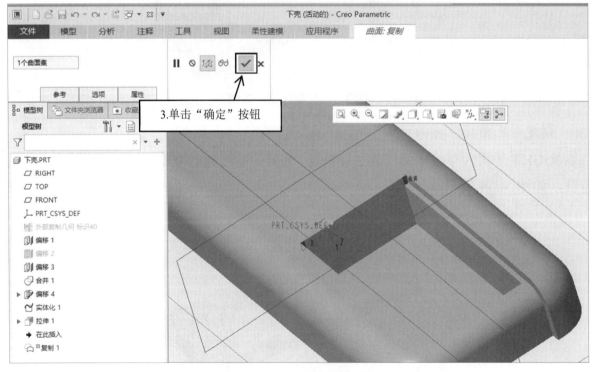

图 3-3-11　复制粘贴操作

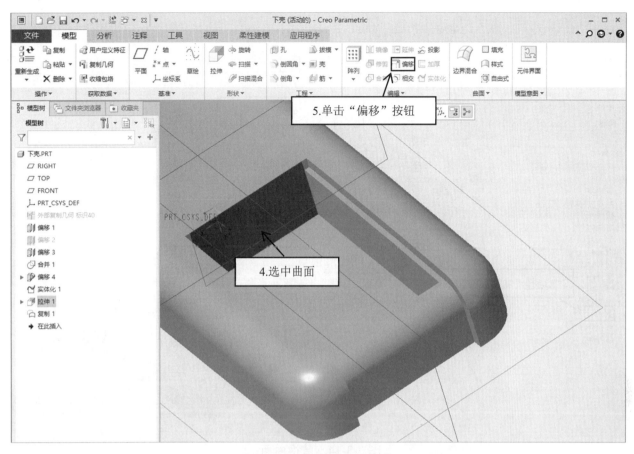

图 3-3-12 偏移曲面操作

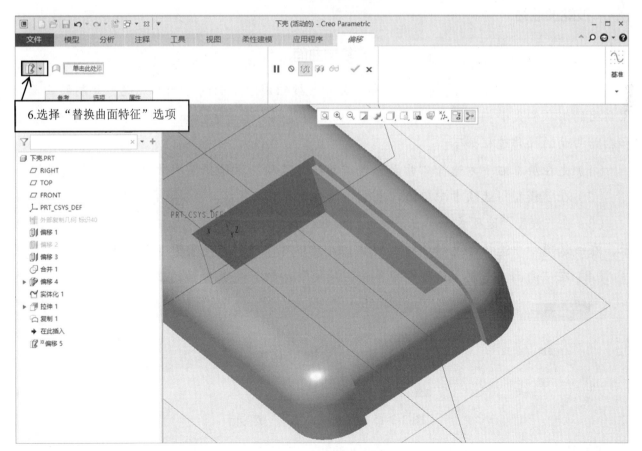

图 3-3-13 替换曲面特征

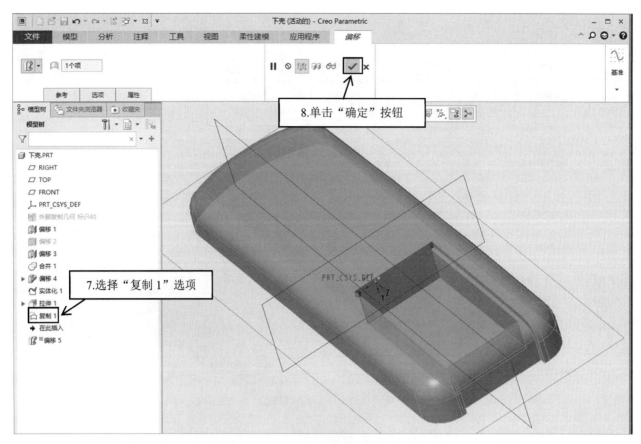

图 3-3-14　替换曲面

技能加油站

复制曲面

　　"模型"选项卡中的"复制"按钮和"粘贴"按钮用于曲面的复制和粘贴，复制的曲面与原曲面的形状和大小相同。注意，要激活"曲面：复制"选项卡，必须先选中一个曲面。复制和粘贴曲面的操作过程如下。

　　（1）先在屏幕右下方选择"曲面"或"面组"选项，再选择某个要复制的曲面或面组。

　　（2）在"模型"选项卡中单击"复制"按钮。

　　（3）在"模型"选项卡中单击"粘贴"按钮，激活"曲面：复制"选项卡，如图 3-3-15 所示，在该选项卡中选择合适的选项（按住 Ctrl 键，可以选择其他要复制的曲面）。

　　（4）在"曲面：复制"选项卡中单击"确定"按钮，完成曲面的复制操作。

图 3-3-15　"曲面：复制"选项卡

　　8）抽壳操作

　　使用壳功能完成抽壳操作，抽壳后的效果如图 3-3-16 所示。

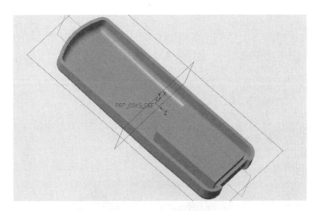

图 3-3-16　抽壳后的效果

9）复制、偏移曲面操作

抽壳产生的缝隙如图 3-3-17 所示，需要通过复制、偏移曲面操作填补缝隙。通过"偏移"选项卡中的"替换曲面特征"选项完成缝隙的填补，效果如图 3-3-18 所示。

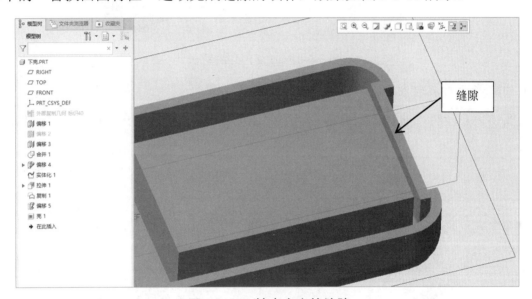

图 3-3-17　抽壳产生的缝隙

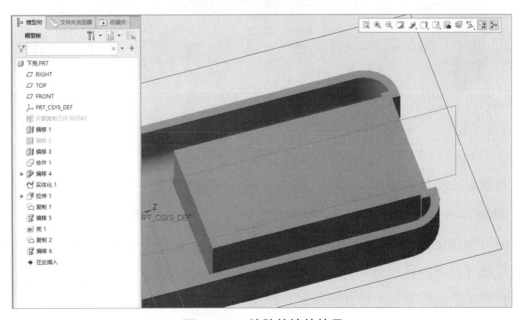

图 3-3-18　缝隙的填补效果

10）创建止口扫描特征

使用扫描功能创建止口扫描特征，如图 3-3-19 所示。

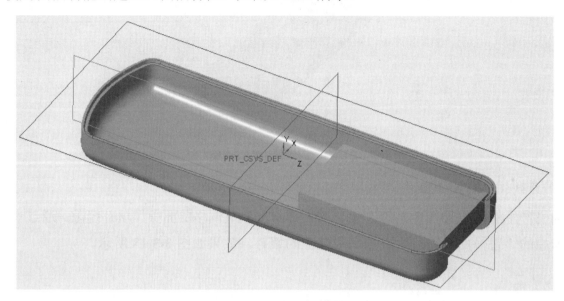

图 3-3-19　止口扫描特征

11）创建指示灯孔特征

使用实体化功能将"偏移 2"曲面进行实体化操作，完成指示灯孔特征的创建，如图 3-3-20 所示。

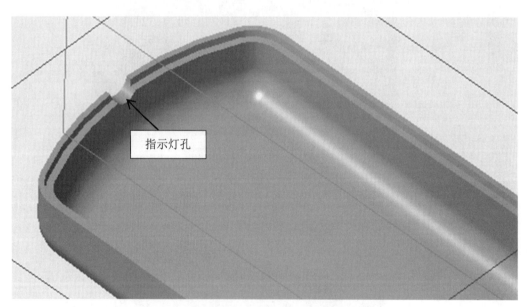

图 3-3-20　指示灯孔特征

12）创建电池槽隔板特征

先复制如图 3-3-21 所示的曲面，再使用拉伸功能拉伸电池槽隔板特征，如图 3-3-22 所示。最后通过实体化操作移除拉伸电池槽隔板后产生的多余部分，效果如图 3-3-23 所示。

13）创建螺柱和加强筋拉伸特征

使用拉伸功能创建螺柱和加强筋特征，如图 3-3-24 所示。

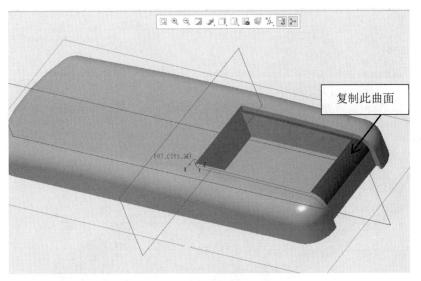

图 3-3-21　复制曲面

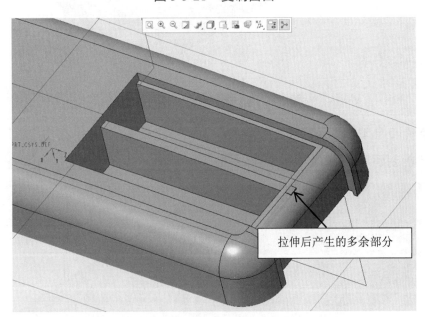

图 3-3-22　拉伸电池槽隔板特征

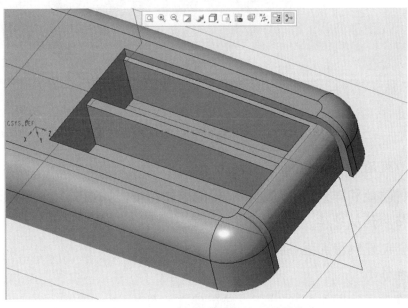

图 3-3-23　电池槽隔板特征的效果

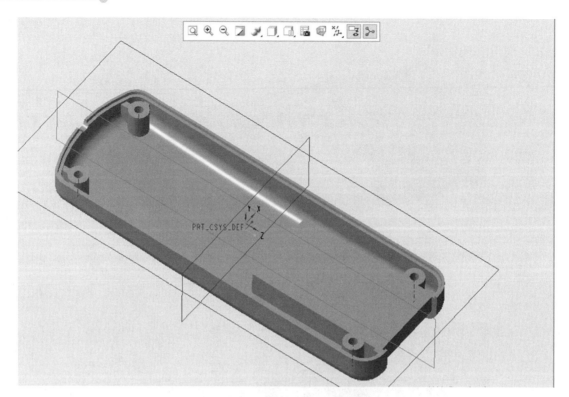

图 3-3-24　螺柱和加强筋特征

14）创建下壳与电池盖装配处的卡扣特征

使用拉伸功能创建下壳与电池盖装配处的卡扣特征，如图 3-3-25 所示。

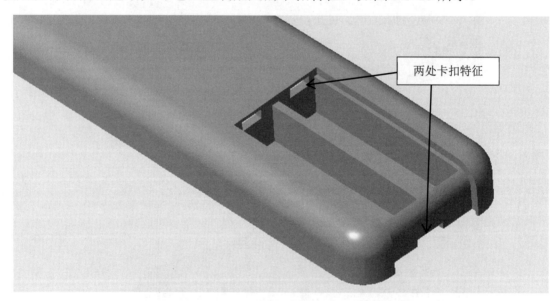

图 3-3-25　下壳与电池盖装配处的卡扣特征

15）创建止口处的卡扣特征

分别使用拉伸功能和阵列功能创建止口处的卡扣特征，如图 3-3-26 所示。

16）创建网格加强筋特征

使用拉伸功能创建网格加强筋特征，如图 3-3-27 所示。

17）倒圆角操作

进行倒圆角操作，如图 3-3-28 所示。最后保存文件。

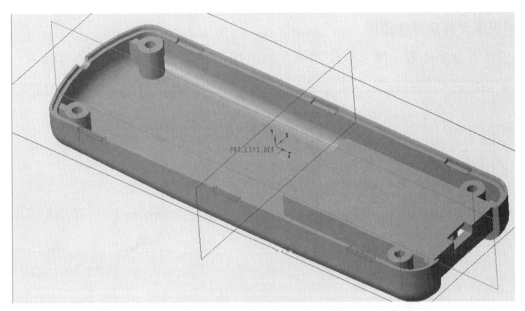

图 3-3-26　止口处的卡扣特征

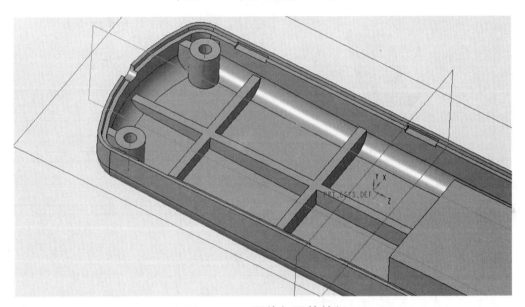

图 3-3-27　网格加强筋特征

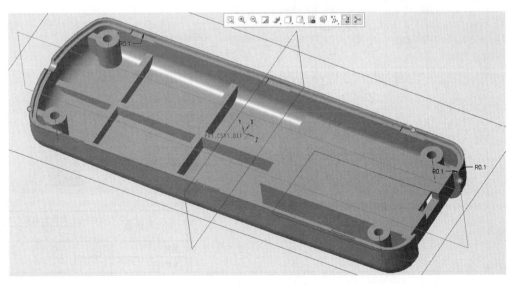

图 3-3-28　倒圆角

3. 下壳组件其余零件建模

下壳组件其余零件图如图 3-3-29 和图 3-3-30 所示，建模方法参照下壳零件。

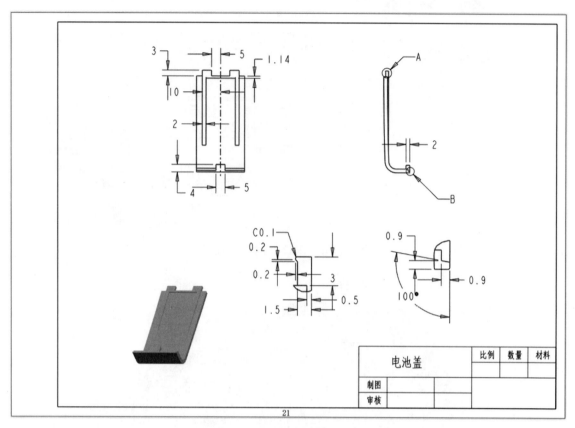

图 3-3-29　电池盖零件图

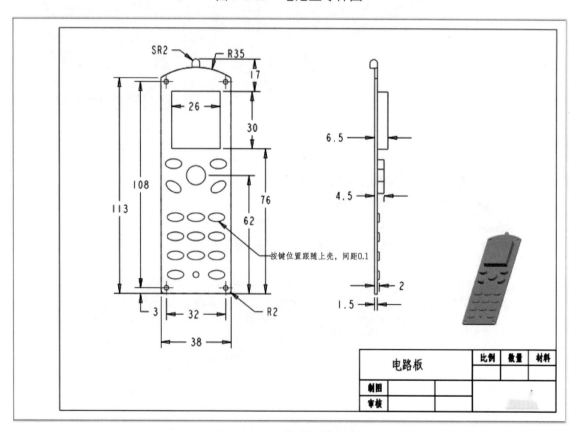

图 3-3-30　电路板零件图

任务评价表

<table>
<tr><th colspan="8">任务三　下壳组件建模</th></tr>
<tr><th>序号</th><th>检测项目</th><th>配分</th><th>评分标准</th><th>自评</th><th>组评</th><th>师评</th></tr>
<tr><td>1</td><td>下壳零件整体特征建模</td><td>30</td><td>各处特征是否正确</td><td></td><td></td><td></td></tr>
<tr><td>2</td><td>下壳零件细节特征建模</td><td>30</td><td>各处特征是否正确</td><td></td><td></td><td></td></tr>
<tr><td>3</td><td>电池盖建模</td><td>20</td><td>该零件各处特征是否正确</td><td></td><td></td><td></td></tr>
<tr><td>4</td><td>电路板建模</td><td>20</td><td>该零件各处特征是否正确</td><td></td><td></td><td></td></tr>
<tr><td>5</td><td colspan="7">合计</td></tr>
<tr><td colspan="2">互评学生
姓名</td><td colspan="6"></td></tr>
</table>

任务四　上壳工程图

操作视频

完成上壳工程图制图，如图 3-4-1 所示。

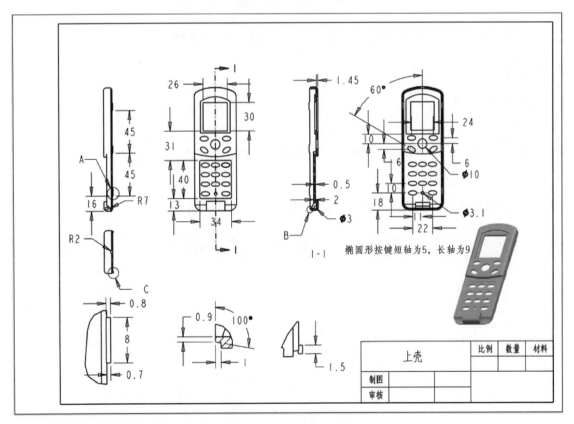

图 3-4-1　上壳工程图

1. 创建文件

（1）打开"上壳.PRT"文件，上壳模型如图 3-4-2 所示。

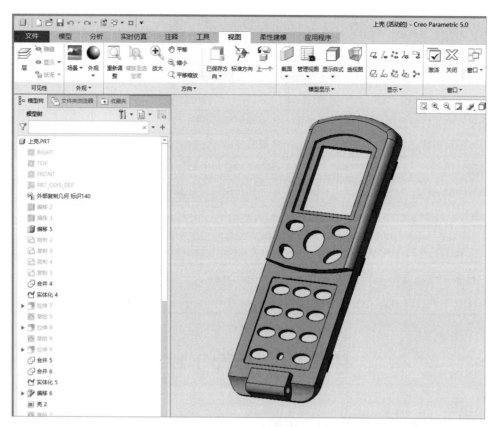

图 3-4-2　上壳模型

（2）新建"类型"为"绘图"、名为"上壳"的工程图文件。

2．创建视图

1）创建一般视图

（1）在图纸左上角的空白位置处单击，弹出"绘图视图"对话框，在"类别"列表框中选择"视图类型"选项，在"模型视图名"列表框中选择"TOP"选项。

（2）将视图比例设置为 0.5。

（3）创建消隐视图，完成一般视图的创建，如图 3-4-3 所示。

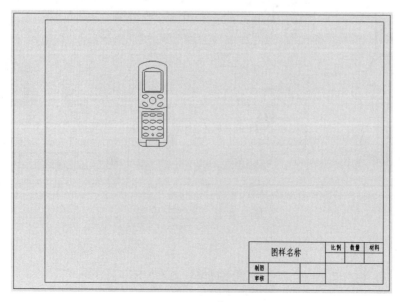

图 3-4-3　一般视图

2）创建投影视图

在"布局"选项卡中单击"投影视图"按钮，在适当的位置单击以放置投影视图，并且对所有的投影视图进行消隐，最终效果如图 3-4-4 所示。

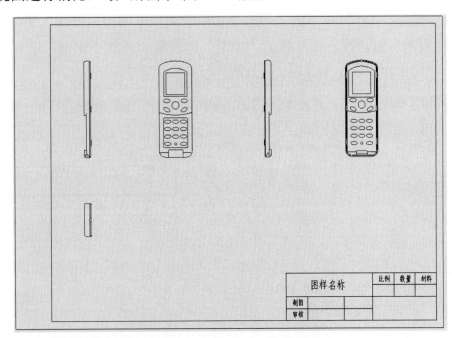

图 3-4-4 投影视图的最终效果

3）创建剖视图

创建剖视图，并且修改剖视图的密度。在"布局"选项卡中单击"箭头"按钮，先单击剖视图，再单击一般视图，即可显示剖视箭头，如图 3-4-5 所示。

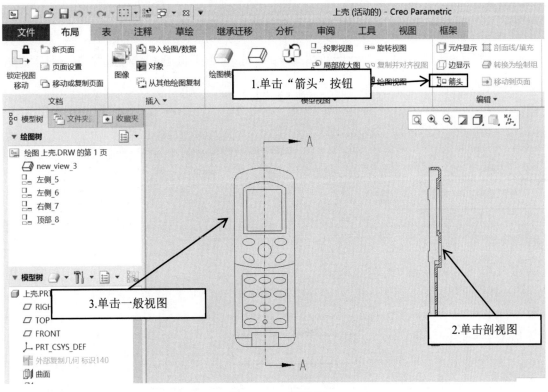

图 3-4-5 剖视图

4）创建局部放大图

（1）首先，在"布局"选项卡中单击"局部放大图"按钮，单击需要放大的中心点。然后，直接围绕所选的中心点依次选择若干个点以绘制圆，单击鼠标中键以确定放大的区域，如图 3-4-6 所示。最后，在图纸中合适的位置单击以放置该区域的局部放大图，双击局部放大图，弹出"绘图视图"对话框，在左侧的"类型"列表框中选择"比例"选项，在右侧选中"自定义比例"单选按钮，将比例设置为 2.000，如图 3-4-7 所示。

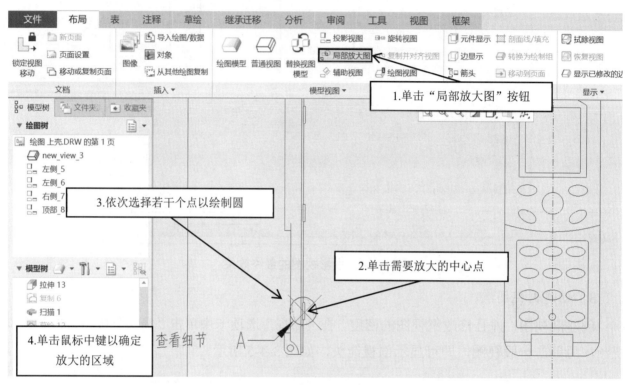

图 3-4-6 确定放大的区域

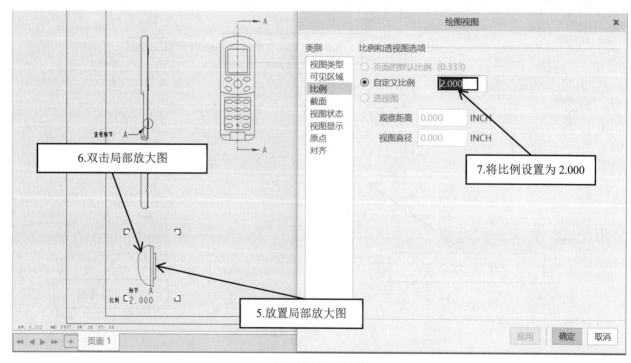

图 3-4-7 创建局部放大图

（2）使用相同的方式，将其他需要放大的区域放大并放到合适的位置，效果如图 3-4-8 所示。

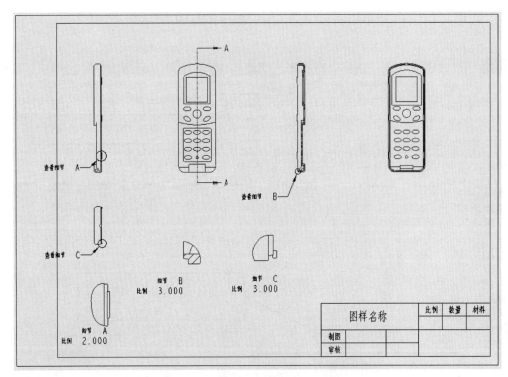

图 3-4-8　其余的局部放大图的效果

5）放置辅助视图

在图纸右下方的空白位置处单击，弹出"绘图视图"对话框，在"类别"列表框中选择"视图类型"选项，在"默认方向"下拉列表中选择"斜轴测"选项，如图 3-4-9 所示。

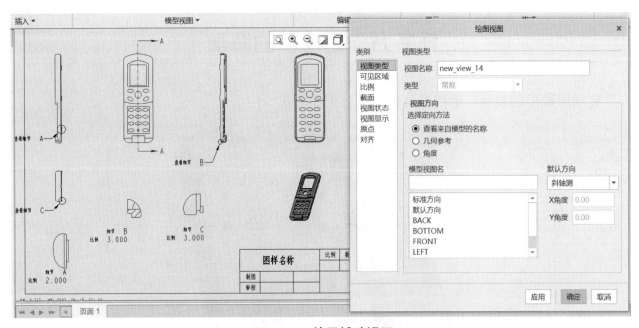

图 3-4-9　放置辅助视图

3．标注尺寸

参照图 3-4-1，标注各视图的尺寸。

4. 填写文本和标题栏

（1）填写文本。在"注释"选项卡中单击"注解"下拉按钮，在弹出的下拉列表中选择"独立注解"选项，在空白处单击并输入文字，如图 3-4-10 所示。

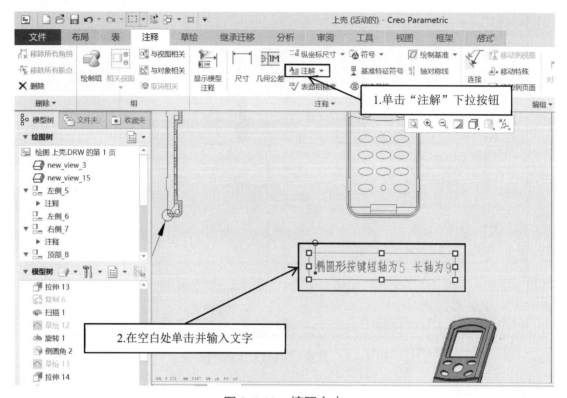

图 3-4-10　填写文本

（2）填写标题栏。将表格中的"图样名称"修改为"上壳"。

任务五　遥控器的装配

操作视频

完成遥控器的装配，遥控器装配后的效果如图 3-5-1 所示。

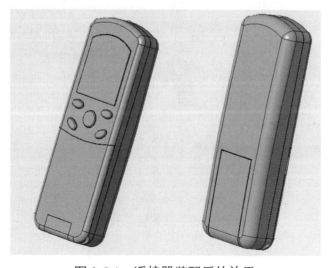

图 3-5-1　遥控器装配后的效果

1．新建文件

启动 Creo，在"主页"选项卡中单击"新建"按钮，弹出"新建"对话框。在"类型"列表框中选中"装配"单选按钮，在"文件名"文本框中输入"遥控器"，取消勾选"使用默认模板"复选框，单击"确定"按钮。弹出"新文件选项"对话框，选择"mmns_asm_design"选项，单击"确定"按钮。

2．组装

（1）固定下壳。导入下壳零件，将"约束类型"设置为"固定"，单击"确定"按钮。

（2）电路板的装配。导入电路板零件，将电路板底部两个孔和下壳底部两个孔进行重合约束，如图 3-5-2 和图 3-5-3 所示。将电路板顶部凸柱和下壳顶部孔进行重合约束，如图 3-5-4 所示，完成电路板的装配。

（3）上壳的装配。导入上壳零件，将上壳两个按键孔与电路板对应按键进行重合约束，如图 3-5-5 和图 3-5-6 所示。将上壳顶部孔和电路板凸柱进行重合约束，如图 3-5-7 所示，完成上壳的装配。

图 3-5-2　底部孔的重合约束（1）

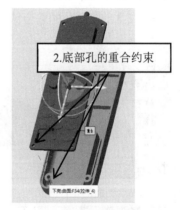

图 3-5-3　底部孔的重合约束（2）

图 3-5-4　顶部孔的重合约束

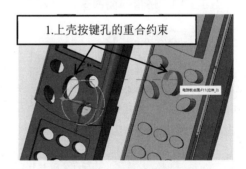

图 3-5-5　上壳按键孔的重合约束（1）

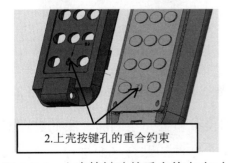

图 3-5-6　上壳按键孔的重合约束（2）

图 3-5-7　上壳顶部孔和电路板凸柱的重合约束

（4）功能按键的装配。导入功能按键零件（为方便与上壳装配，先将下壳和电路板隐藏），首先将按键孔进行重合约束，如图 3-5-8 所示。然后将功能按键和上壳的平面边框进行平行约束，如图 3-5-9 所示。最后将两个零件的贴合平面进行重合约束，如图 3-5-10 所示，完成功能按键的装配。

（5）数字按键的装配。导入数字按键零件，首先将按键孔进行重合约束，如图 3-5-11 所示。然后将侧面进行平行约束，如图 3-5-12 所示。最后将两个零件的贴合平面进行重合约束，如图 3-5-13 所示，完成数字按键的装配。

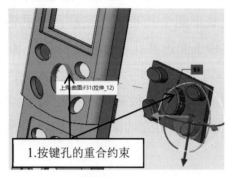

图 3-5-8　按键孔的重合约束（1）

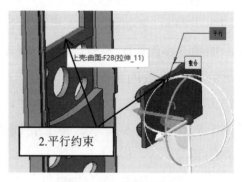

图 3-5-9　平行约束

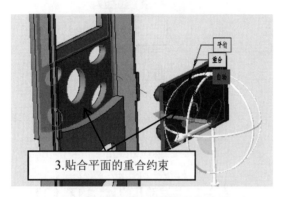

图 3-5-10　贴合平面的重合约束（1）

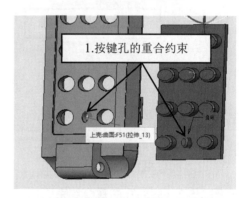

图 3-5-11　按键孔的重合约束（2）

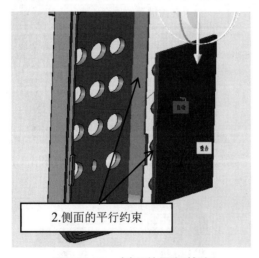

图 3-5-12　侧面的平行约束

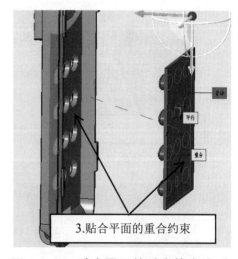

图 3-5-13　贴合平面的重合约束（2）

（6）双面胶布的装配。导入双面胶布零件，将双面胶布和上壳左侧面、底面进行重合约束，如图 3-5-14 和图 3-5-15 所示。将双面胶布和上壳两个零件的贴合平面进行重合约束，如

图 3-5-16 所示，完成双面胶布的装配。

（7）屏幕镜片的装配。导入屏幕镜片零件，将屏幕镜片和上壳左侧面、底面进行重合约束，如图 3-5-17 和图 3-5-18 所示。将屏幕镜片和上壳的贴合平面进行重合约束，如图 3-5-19 所示，完成屏幕镜片的装配。

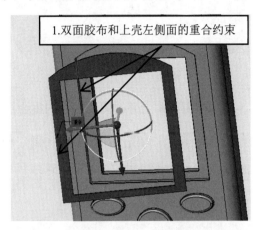

图 3-5-14　双面胶布和上壳左侧面的重合约束

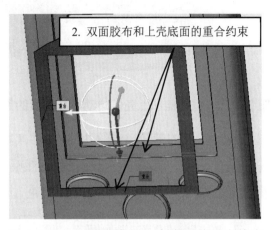

图 3-5-15　双面胶布和上壳底面的重合约束

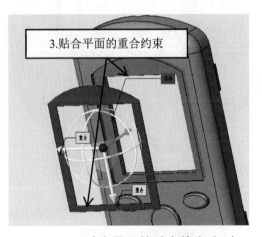

图 3-5-16　贴合平面的重合约束（3）

图 3-5-17　屏幕镜片和上壳左侧面的重合约束

图 3-5-18　屏幕镜片和上壳底面的重合约束

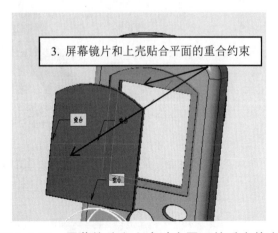

图 3-5-19　屏幕镜片和上壳贴合平面的重合约束

（8）按键盖的装配。导入按键盖零件，将按键盖和上壳的转动轴孔侧面进行重合约束，如图 3-5-20 所示。再将按键盖和上壳的转动轴孔进行重合约束，如图 3-5-21 所示，完成按键盖的装配。

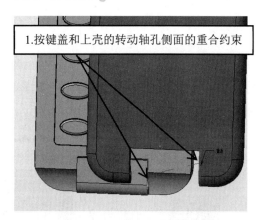

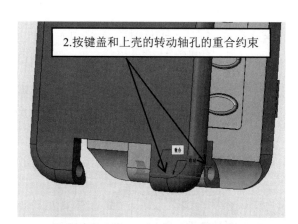

图 3-5-20　按键盖和上壳的转动轴孔侧面的重合约束　图 3-5-21　按键盖和上壳的转动轴孔的重合约束

（9）后盖的装配。导入后盖零件（将下壳和电路板显示出来），首先将后盖和下壳左侧面进行重合约束，如图 3-5-22 所示。然后将后盖和下壳底面进行重合约束，如图 3-5-23 所示。最后将两个零件的顶面进行重合约束，如图 3-5-24，完成后盖的装配。

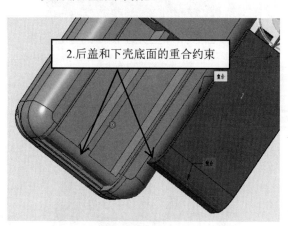

图 3-5-22　后盖和下壳左侧面的重合约束　　　　图 3-5-23　后盖和下壳底面的重合约束

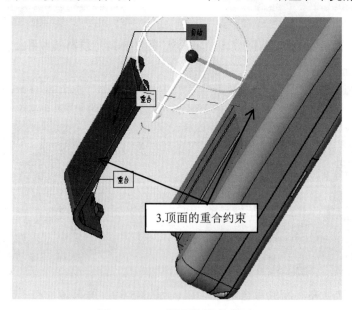

图 3-5-24　顶面的重合约束

3．装配体的干涉检查

对装配体进行干涉检查，如图 3-5-25 所示。

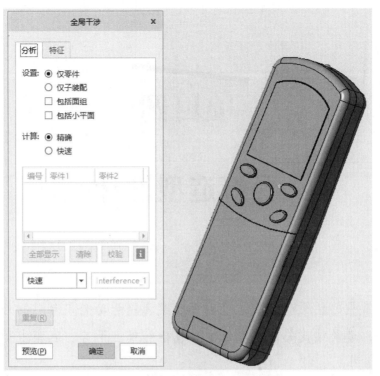

图 3-5-25 装配体的干涉检查

拓展任务 遥控器 3D 打印

扫码查阅

项目四

台灯造型设计

项目描述

台灯是生活中常见的塑料产品，通电后可以实现照明功能。台灯的外观一般为壳体造型和支杆造型的组合，涉及结构关系的零件主要包括灯罩上下盖、底座上下壳、灯杆、触点开关和开关按钮等。

项目目标

1．熟练掌握自顶向下的设计理念和方法；

2．熟练运用骨架模型、曲面特征进行建模操作；

3．掌握创建填充特征、孔特征、镜像特征，以及螺旋扫描、加厚创建实体等操作方法；

4．培养学生的创新意识，追求不断超越的工匠精神。

项目完成效果

台灯三维造型设计效果图如图 4-1-1 所示。

图 4-1-1　台灯三维造型设计效果图

项目导读

中国工业设计之父柳冠中

柳冠中是我国著名的工业设计学术带头人和理论家，被誉为"中国工业设计之父"。在他的设计理念里，设计师不能光在思维的技法上兜圈子，要善于提出新物种、新产业，要注重设计的路线和方向。同时，他希望设计真的从人的需求出发，回到"众生"的层面。

1977 年，柳冠中迎来了他人生中非常重要的设计任务：为毛主席纪念堂做灯具设计，他主要负责各厅的组合灯具设计。这是一项异常艰巨的任务，工期仅 3 个月，完成毛主席纪念堂 30 多个厅室的照明设计、生产和安装工作。如何才能设计出符合要求的灯具？那个冬天，柳冠中压力很大、焦灼不安，经常睡不着的他四处走访，寻找灵感。一天，他来到体育馆，看到球点网架结构时，灵光闪现，这不就是灯具吗？设计一个直径为 1 厘米的六向连接球，每隔 10 厘米连接一根能前后伸缩的杆子，这些球和杆可以上下左右任意组装，组装成照明光带，形成不同的样式，适应不同的厅室。就这样，柳冠中按期完成了这项艰巨的任务。

在柳冠中看来，工业设计设计师要根据人的潜在需求提出技术所能适应的性能参数，推进技术的创新、转移、迭代和进步。

任务一　底座组件建模

一、构建台灯底座骨架模型

操作视频

完成台灯底座建模，台灯底座零件图如图 4-1-2 所示。

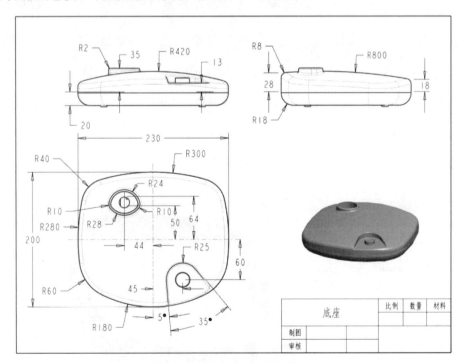

图 4-1-2　台灯底座零件图

1. 创建台灯总装配文件

启动 Creo，在"主页"选项卡中单击"新建"按钮，在弹出的"新建"对话框中选中"装配"单选按钮，在"文件名"文本框中输入"台灯"，取消勾选"使用默认模板"复选框，单击"确定"按钮。弹出"新文件选项"对话框，选择公制模板，单击"确定"按钮，完成总装配文件的创建。

2．创建台灯底座骨架模型

1）创建台灯底座骨架模型文件

在总装配文件中，创建台灯底座骨架模型"0-台灯_SKEL_PRT"。

2）创建外轮廓拉伸曲面特征

以 TOP 平面为草绘平面创建拉伸特征，根据图纸绘制草绘，如图 4-1-3 所示。在"拉伸"选项卡中单击"拉伸为曲面"按钮，单击"选项"按钮，在弹出的下拉列表中将上下两侧的拉伸距离分别设置为 30.000 和 20.000，单击"确定"按钮，完成外轮廓拉伸曲面特征的创建，如图 4-1-4 所示。

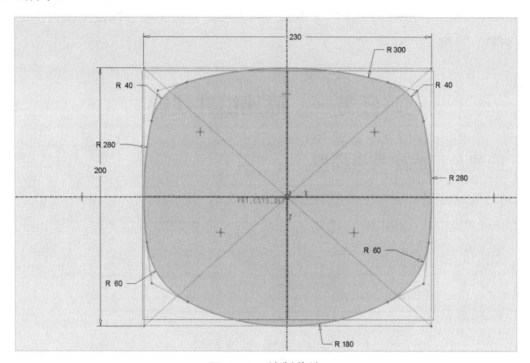

图 4-1-3　绘制草绘

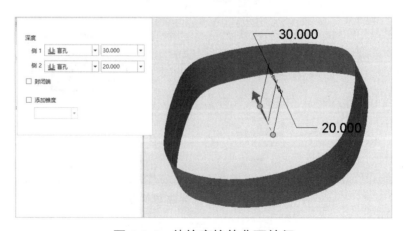

图 4-1-4　外轮廓拉伸曲面特征

3）创建台灯底座骨架模型顶部曲面

以 RIGHT 平面为草绘平面创建扫描轨迹曲线，根据图纸绘制草绘，如图 4-1-5 所示。选中轨迹曲线，在"模型"选项卡中单击"扫描"按钮，创建扫描截面，根据草绘绘制扫描截面，如图 4-1-6 所示。单击"确定"按钮，创建台灯底座骨架模型顶部曲面，如图 4-1-7 所示。

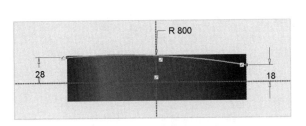

图 4-1-5 绘制草绘

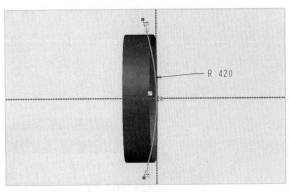

图 4-1-6 绘制扫描截面

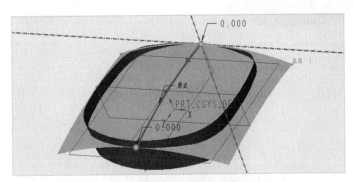

图 4-1-7 创建台灯底座骨架模型顶部曲面

4）合并曲面

将第 2 步和第 3 步创建的曲面进行合并。按住 Ctrl 键的同时在"模型树"选项卡中选择"拉伸 1"和"扫描 1"选项，在"模型"选项卡中单击"合并"按钮。在合并编辑界面中调整合并箭头方向，单击"确定"按钮，完成两个曲面的合并操作，如图 4-1-8 所示，效果如图 4-1-9 所示。

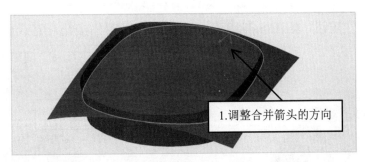

图 4-1-8 合并曲面并调整合并箭头的方向

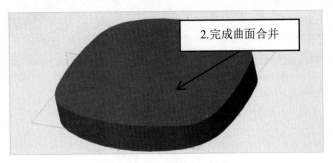

图 4-1-9 曲面合并效果

5）创建底部草绘轮廓线

以 TOP 平面为基准，创建向下平移 20.000 的 DTM1 平面，如图 4-1-10 所示。以 DTM1 平面为绘图基准平面创建草绘，在"草绘"选项卡中单击"投影"按钮，依次单击底部轮廓线，如图 4-1-11 所示，单击"确定"按钮。

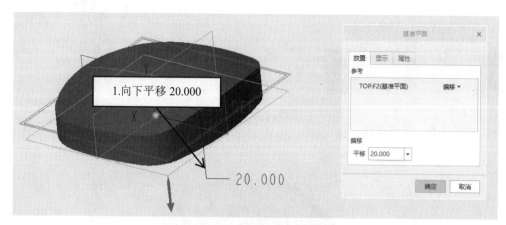

图 4-1-10　创建 DTM1 平面

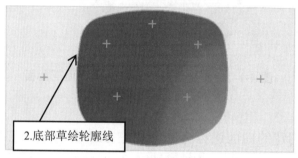

图 4-1-11　底部草绘轮廓线

6）创建底部填充曲面

选择第 5 步创建的底部草绘轮廓线，如图 4-1-12 所示，将其作为填充边界线，在"模型"选项卡中单击"填充"按钮，如图 4-1-13 所示。单击"确定"按钮，完成底部填充曲面的创建。

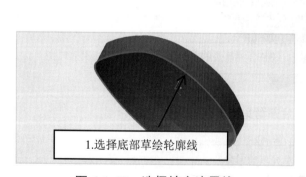

图 4-1-12　选择填充边界线

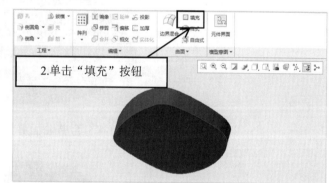

图 4-1-13　单击"填充"按钮

 技能加油站

填充曲面

在"模型"选项卡中单击"填充"按钮，可以在封闭边界内创建平整的曲面。

填充特征的截面草绘必须是封闭的，使用它创建的是一个二维平面特征。使用拉伸功能也可以创建某些平整曲面，不过需要设置深度数值，而使用填充功能不需要设置深度数值。

填充曲面一般有两种形式。

（1）先创建封闭的草绘截面，再进行填充（如底部填充曲面的创建步骤），如图 4-1-14 所示。

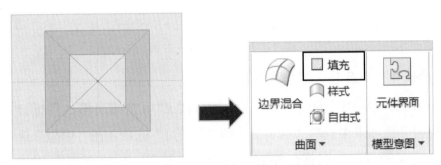

图 4-1-14　完成底部填充曲面

（2）在"模型"选项卡中单击"填充"按钮，选择草绘基准平面，绘制填充封闭草绘，如图 4-1-15、图 4-1-16 和图 4-1-17 所示。

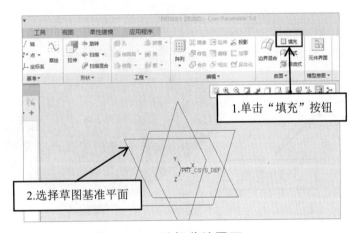

图 4-1-15　选择草绘平面

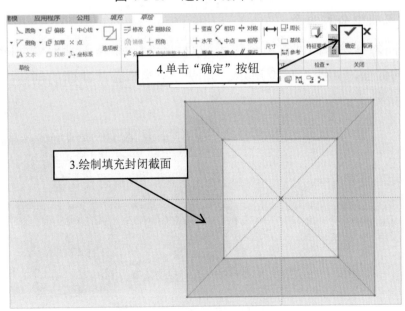

图 4-1-16　绘制填充封闭草绘

图 4-1-17　完成填充曲面

7）合并"曲面 1"曲面和底部填充曲面

将第 4 步创建的"合并 1"曲面和第 6 步创建的底部填充曲面再次进行合并。按住 Ctrl 键的同时在"模型树"选项卡中选择"合并 1"和"填充 1"选项，在"模型"选项卡中单击"合并"按钮，在合并编辑界面中调整合并箭头的方向，如图 4-1-18 所示。

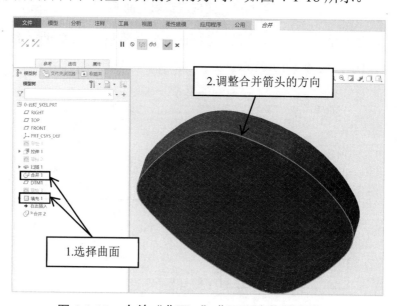

图 4-1-18　合并"曲面 1"曲面和底部填充曲面

8）创建骨架模型公共曲面

以 TOP 平面为草绘平面创建填充封闭截面，绘制一个覆盖骨架模型的中心矩形并将其填充为穿透模型的曲面，如图 4-1-19 所示，完成骨架模型公共曲面的创建。

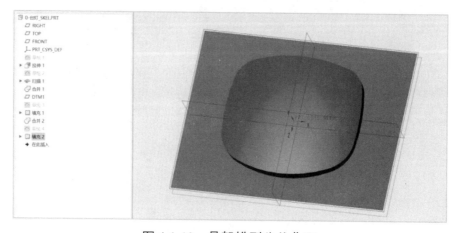

图 4-1-19　骨架模型公共曲面

9）骨架模型底部倒圆角

选中骨架模型底部边线，根据图纸进行倒圆角操作，圆角半径为 18，效果如图 4-1-20 所示。

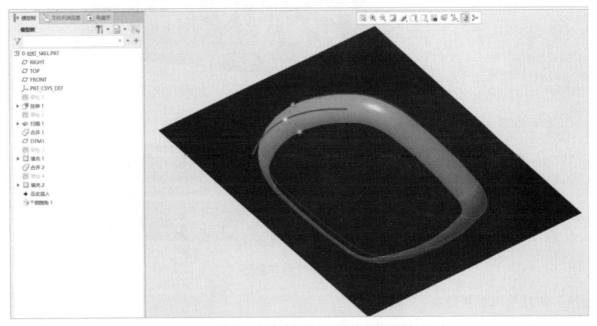

图 4-1-20　骨架模型底部倒圆角的效果

10）创建灯杆配合孔位特征

以 TOP 平面为基准，根据图纸尺寸，向上偏移 35 创建 DTM2 平面，以 DTM2 平面为草绘平面，根据图纸绘制灯杆配合孔位的草绘，单击"确定"按钮，如图 4-1-21 所示。选中绘制完成的灯杆配合孔位草绘，在"模型"选项卡中单击"拉伸"按钮，在"拉伸"选项卡中单击"选项"按钮，在弹出的下拉列表中将"深度"选区中的"侧 1"设置为"盲孔""20.000"，勾选"封闭端"复选框，单击"确定"按钮，如图 4-1-22 所示。

将骨架模型曲面和拉伸曲面进行合并操作，按住 Ctrl 键，在"模型"选项卡中单击"合并"按钮，调整合并箭头的方向，在"合并"选项卡中单击"确定"按钮，如图 4-1-23 所示。

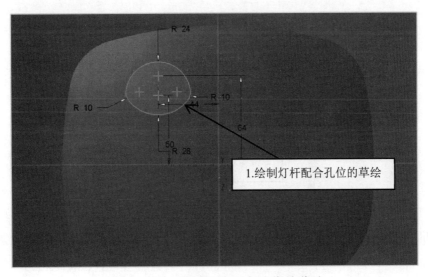

图 4-1-21　绘制灯杆配合孔位的草绘

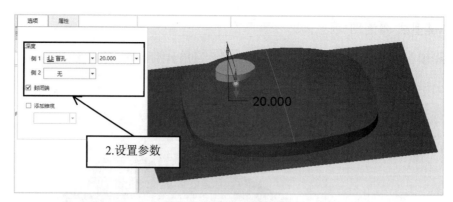

图 4-1-22　创建曲面特征

图 4-1-23　合并曲面

11）创建开关位置特征

选中 DTM2 平面，根据图纸绘制开关位置草绘，如图 4-1-24 所示。在"模型"选项卡中单击"拉伸"按钮，选择拉伸曲面，单击"选项"按钮，在弹出的下拉列表中将"深度"选区中的"侧 1"设置为"盲孔""22.000"，勾选"封闭端"复选框，单击"确定"按钮，完成拉伸曲面的创建，如图 4-1-25 所示。

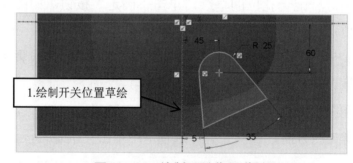

图 4-1-24　绘制开关位置草绘

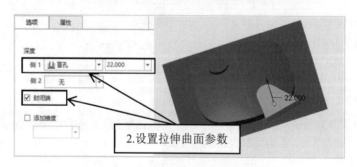

图 4-1-25　设置拉伸曲面参数

注意，拉伸草绘最后需要形成封闭轮廓，封闭范围需要超出骨架模型，保证在修剪时能够修剪完整。

将骨架模型曲面和拉伸曲面进行合并操作，修剪开关位置特征曲面。按住 Ctrl 键，在"模型"选项卡中单击"合并"按钮，调整合并箭头的方向，在"合并"选项卡中单击"确定"按钮，完成开关位置特征曲面的修剪，如图 4-1-26 所示。

图 4-1-26 修剪开关位置特征

12）骨架模型曲面倒圆角

根据图纸尺寸，选中骨架模型上方边线进行倒圆角操作，圆角半径为 8。选中灯杆配合孔位特征和开关位置特征进行倒圆角操作，圆角半径为 2，如图 4-1-27 和图 4-1-28 所示。

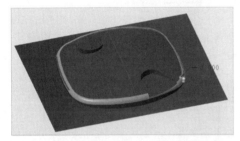 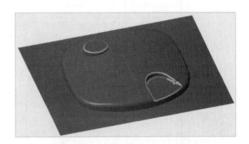

图 4-1-27 骨架模型上方边线倒圆角　　图 4-1-28 灯杆配合孔位特征和开关位置特征倒圆角

完成台灯底座骨架模型的创建，如图 4-1-29 所示。

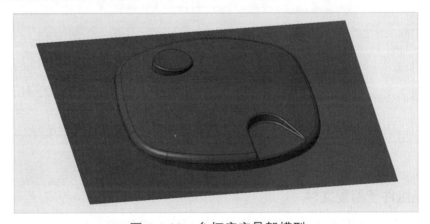

图 4-1-29 台灯底座骨架模型

二、台灯底座上壳

（一）底座组件分析

底座组件包括底座下壳、触电开关、弹簧、开关按钮、加重块、电路板、底座上壳共 7 个零件，如图 4-1-30 所示。

（二）底座上壳建模

完成底座上壳零件建模，底座上壳零件图如图 4-1-31 所示。

操作视频

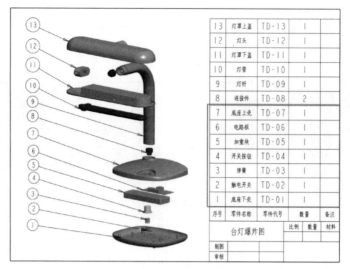

13	灯罩上盖	TD-13	1	
12	灯头	TD-12	1	
11	灯罩下盖	TD-11	1	
10	灯管	TD-10	1	
9	灯杆	TD-09	1	
8	连接件	TD-08	2	
7	底座上壳	TD-07	1	
6	电路板	TD-06	1	
5	加重块	TD-05	1	
4	开关按钮	TD-04	1	
3	弹簧	TD-03	1	
2	触电开关	TD-02	1	
1	底座下壳	TD-01	1	
序号	零件名称	零件代号	数量	备注

图 4-1-30　底座组件

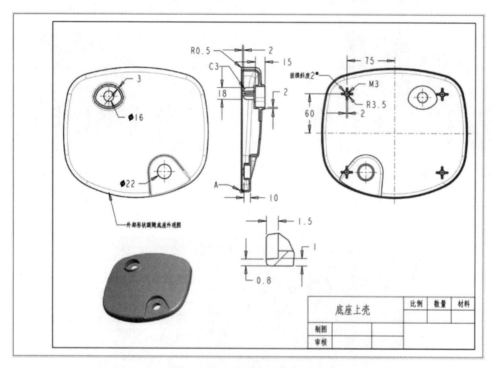

图 4-1-31　底座上壳零件图

1. 创建底座组件子装配文件

打开总装配文件"台灯.ASM"，创建子装配文件"底座组件.ASM"

2. 底座上壳零件建模过程

1）创建底座上壳零件

打开"底座组件.ASM"文件，执行前述操作，在"底座组件.ASM"文件中创建底座上壳零件，如图 4-1-32 所示。在"元件放置"选项卡中将"约束类型"设置为"默认"。

2）导入骨架模型文件

打开"底座上壳.PRT"文件。在"模型"选项卡中单击"复制几何"按钮，进入复制几何界面。在"复制几何"选项卡中单击"打开"按钮，弹出"打开"对话框，选择"0-台灯_skle.prt"骨架模型文件，单击"打开"按钮。弹出"放置"对话框，选中"默认"单选按钮，单击"确定"按钮。在"复制几何"选项卡中单击"仅限发布"按钮，选择骨架模型的所有曲面，单击"确定"按钮，如图 4-1-33 所示。在"模型树"选项卡中显示"外部复制几何 标识 40"，完成骨架模型文件的导入。

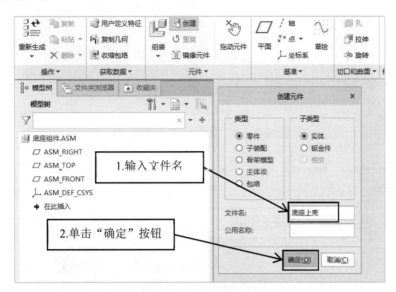

图 4-1-32　创建底座上壳零件

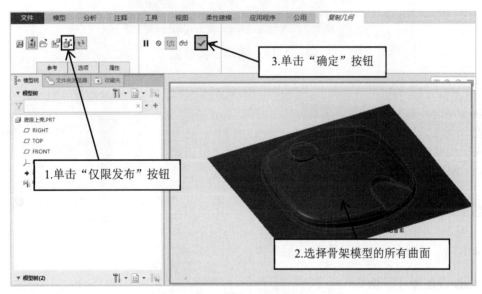

图 4-1-33　导入骨架模型文件

3）偏移骨架模型中的面组和平面

选中骨架模型中的底座外壳面组，在"模型"选项卡中单击"偏移"按钮，在"偏移"选项卡中将偏移值设置为 0，单击"确定"按钮，如图 4-1-34 所示，完成"偏移 1"的创建。重复上述操作，完成骨架模型的公共平面"偏移 2"的创建，如图 4-1-35 所示。

4）合并偏移曲面

在"模型树"选项卡中选择"外部复制几何 标识 40"选项并将其隐藏。按住 Ctrl 键，同时选中"偏移 1"和"偏移 2"选项，在"模型"选项卡中单击"合并"按钮，进入合并编辑界面，调整合并箭头的方向，如图 4-1-36 所示，在"合并"选项卡中单击"确定"按钮，完成"偏移 1"和"偏移 2"的合并操作，合并效果如图 4-1-37 所示。

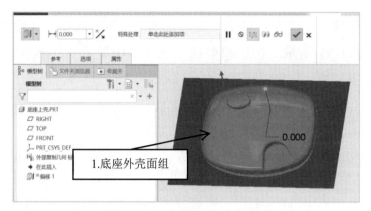

图 4-1-34　偏移底座外壳面组

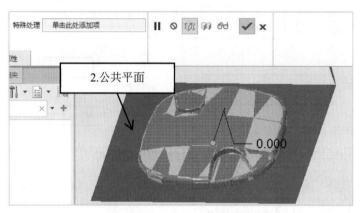

图 4-1-35　偏移公共平面

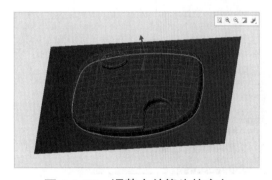

图 4-1-36　调整合并箭头的方向

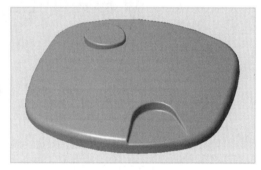

图 4-1-37　合并效果

5）实体化"合并 1"曲面

在"模型树"选项卡中选择"合并 1"选项，在"模型"选项卡中单击"实体化"按钮，对"合并 1"曲面进行实体化操作，如图 4-1-38 所示。

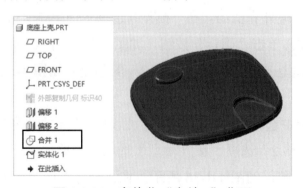

图 4-1-38　实体化"合并 1"曲面

6）创建开关按钮孔位

选择开关配合位置的平面，在"模型"选项卡中单击"拉伸"按钮，进入草绘编辑界面，根据底座上壳零件的图纸，绘制草绘，单击"确定"按钮，如图 4-1-39 所示。在"拉伸"选项卡中单击"移除材料"按钮，调整拉伸方向，将拉伸深度设置为 10.00，单击"确定"按钮，完成效果如图 4-1-40 所示。

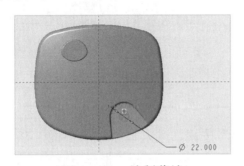

图 4-1-39　绘制草绘

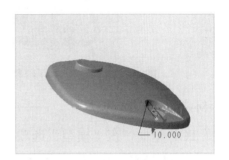

图 4-1-40　完成效果

7）创建灯杆配合槽

选择灯杆配合位置的平面，在"模型"选项卡中单击"拉伸"按钮，进入草绘编辑界面，根据底座上壳零件的图纸，绘制草绘，在"草绘"选项卡中单击"投影"按钮，创建外轮廓线，如图 4-1-41 所示。在"草绘"选项卡中单击"偏移"按钮，选中创建外轮廓线，向内偏移3，创建内轮廓线，单击"删除段"按钮，修剪外轮廓线，如图 4-1-42 所示，完成拉伸切除截面的创建，单击"确定"按钮。

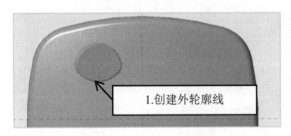

图 4-1-41　创建外轮廓线

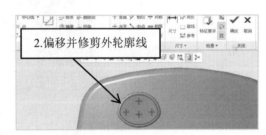

图 4-1-42　偏移并修剪外轮廓线

在"拉伸"选项卡中单击"移除材料"按钮，单击"选项"按钮，在弹出的下拉列表中选择"盲孔拉伸"选项，将拉伸切除深度设置为 15.00，单击"确定"按钮，向下进行拉伸切除操作，完成灯杆配合槽的创建，如图 4-1-43 和图 4-1-44 所示。

图 4-1-43　设置拉伸参数

图 4-1-44　灯杆配合槽

8）抽壳

在"模型"选项卡中单击"壳"按钮，进入壳编辑界面，将"厚度"设置为 2.000，实体化底座上壳的底面，完成底座上壳的抽壳操作，如图 4-1-45 和图 4-1-46 所示。

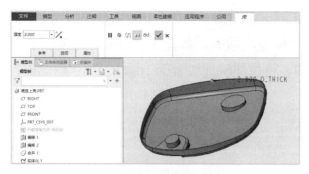

图 4-1-45　设置抽壳参数

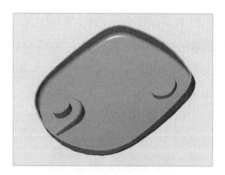

图 4-1-46　抽壳效果

9）创建上壳止口特征

选择 TOP 平面，在"模型"选项卡中单击"草绘"按钮，进入草绘编辑界面。在"草绘"选项卡中单击"投影"按钮，选择上壳外轮廓线，创建扫描轨迹曲线，单击"确定"按钮，完成扫描轨迹曲线的创建，如图 4-1-47 所示。

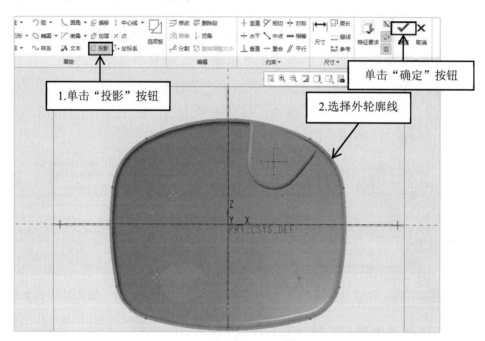

图 4-1-47　创建扫描轨迹曲线

选中扫描轨迹曲线，在"模型"选项卡中单击"扫描"按钮，进入草绘编辑界面，绘制扫描截面，如图 4-1-48 和图 4-1-49 所示，单击"确定"按钮，完成上壳止口特征的创建，如图 4-1-50 所示。

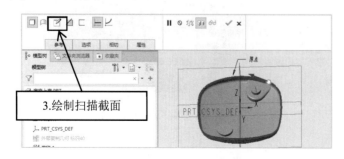

图 4-1-48　绘制扫描截面

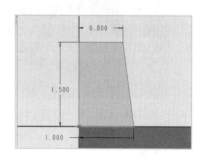

图 4-1-49　扫描截面

图 4-1-50　创建上壳止口特征

10）止口外侧轮廓线倒圆角

选中止口处外轮廓线，在"模型"选项卡中单击"倒圆角"按钮，在"倒圆角"选项卡中将圆角半径设置为 0.500，单击"确定"按钮，完成倒圆角操作，如图 4-1-51 所示。

11）创建螺柱

选中 TOP 平面，在"模型"选项卡中单击"拉伸"按钮，进入草绘编辑界面，根据图纸绘制草绘，如图 4-1-52 所示，单击"确定"按钮，完成螺柱草绘的绘制。在"拉伸"选项卡中单击"选项"按钮，在弹出的下拉列表中将"侧 1"设置为"到下一个"，单击"确定"按钮，完成拉伸操作，如图 4-1-53 和图 4-1-54 所示。

图 4-1-51　倒圆角

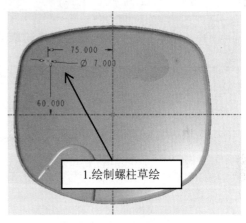

图 4-1-52　绘制螺柱草绘

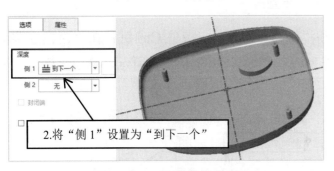

图 4-1-53　设置拉伸参数

图 4-1-54　拉伸效果

12）创建螺柱加强筋

选中 TOP 平面，创建向下平移 2 的偏移平面 DTM1，如图 4-1-55 所示。选中 DTM1 平面，在"模型"选项卡中单击"拉伸"按钮，进入草绘编辑界面，根据图纸绘制螺柱加强筋草绘，如图 4-1-56 所示。单击"确定"按钮，在"拉伸"选项卡中单击"选项"按钮，在弹出的下拉列表中将"侧 1"设置为"到下一个"，勾选"添加锥度"复选框，将锥度设置为 1.5，单击"确定"按钮，如图 4-1-57 所示。

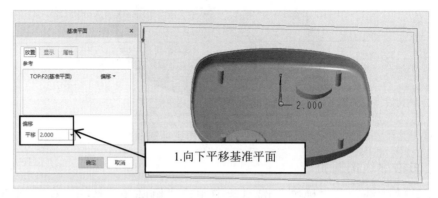

图 4-1-55　向下平移基准平面

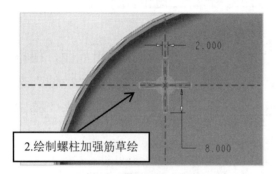

图 4-1-56　绘制螺柱加强筋草绘

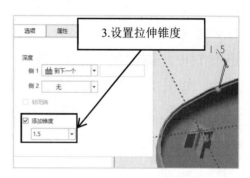

图 4-1-57　设置拉伸锥度

根据图纸，选中螺柱加强筋的上边线进行倒直角操作，倒角数值为 3，如图 4-1-58 所示。

图 4-1-58　倒直角

在"模型树"选项卡中选择"拉伸 4"和"倒角 1"选项，按住 Ctrl 键，在"模型选项卡中"单击"镜像"按钮，选择 RIGHT 平面作为镜像平面，如图 4-1-59 所示，单击"确定"按钮，完成第一次镜像操作。

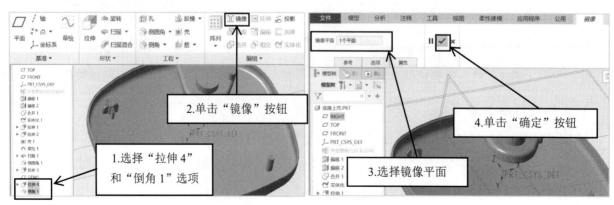

图 4-1-59　第一次镜像操作

在"模型树"选项卡中选择"拉伸 4"、"倒角 1"和"镜像 1"选项，按住 Ctrl 键，在"模型"选项卡中单击"镜像"按钮，选择 FRONT 平面作为镜像平面，单击"确定"按钮，完成螺柱加强筋的创建，如图 4-1-60 和图 4-1-61 所示。

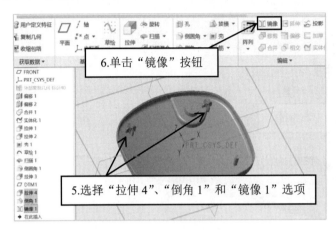

图 4-1-60　选择镜像特征

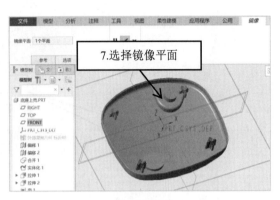

图 4-1-61　选择镜像平面

 **技能加油站**

镜像复制特征

镜像复制就是将源特征相对一个平面（这个平面被称为镜像平面）进行复制，从而得到源特征的一个副本，如图 4-1-62 所示。

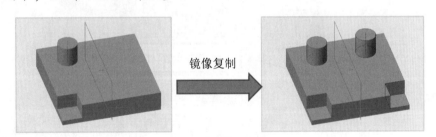

图 4-1-62　镜像复制

（1）镜像复制特征的源特征可以是单个特征，也可以是多个特征或组。

（2）需要先选中源特征或镜像平面，"镜像"按钮才会被激活，如图 4-1-63 和图 4-1-64 所示。

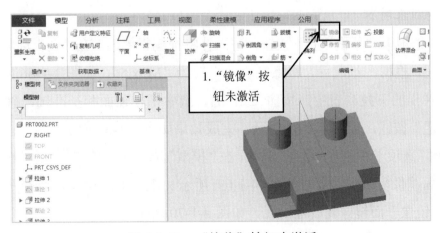

图 4-1-63　"镜像"按钮未激活

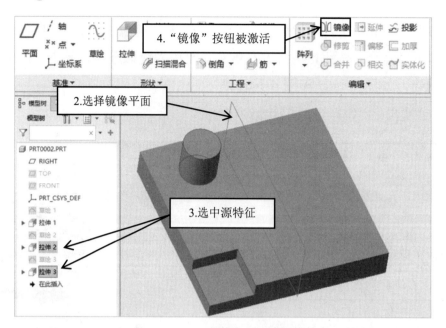

图 4-1-64　"镜像"按钮被激活

（3）当需要同时镜像复制多个特征时，可以按住 Shift 键，先选中第一个镜像特征，再选中最后一个镜像特征，在工具条中单击"分组"按钮，如图 4-1-65 所示。

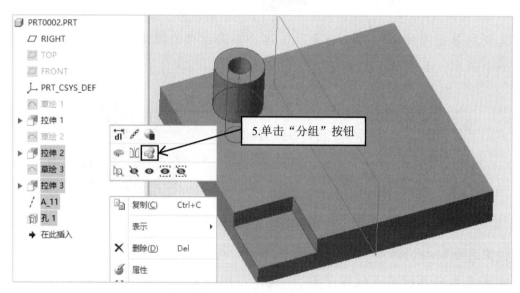

图 4-1-65　多特征分组

13）创建螺纹孔特征

在"模型"选项卡中单击"孔"按钮，进入孔特征编辑界面。在"孔"选项卡中单击"创建标准孔"按钮，根据图纸尺寸，将螺钉尺寸设置为"M3x.5"，如图 4-1-66 所示。单击"放置"按钮，在弹出的下拉列表中，按住 Ctrl 键，选中螺柱顶面和基准轴，确定螺纹孔的中心，单击"确定"按钮，如图 4-1-67 所示。完成效果如图 4-1-68 所示。

在"模型树"选项卡中选择"孔 1"选项，在"模型"选项卡中单击"镜像"按钮，以 RIGHT平面为镜像平面镜像复制螺纹孔，如图 4-1-69 所示。重复上述操作，选择两个螺纹孔，以FRONT 平面为镜像平面镜像复制螺纹孔，如图 4-1-70 所示。

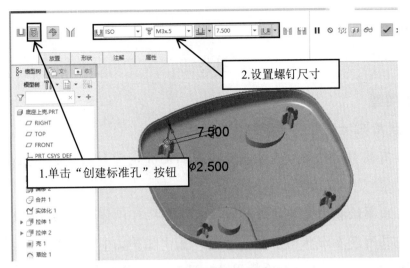

图 4-1-66 创建螺纹孔特征（1）

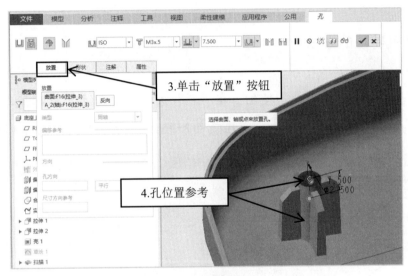

图 4-1-67 创建螺纹孔特征（2）

图 4-1-68 螺纹孔的完成效果

图 4-1-69 镜像复制螺纹孔（1）

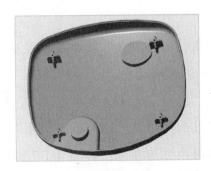

图 4-1-70 镜像复制螺纹孔（2）

知识加油站

孔特征

1. 孔特征的类型

在 Creo 中，使用孔功能可以创建三种类型的孔特征。

（1）直孔：具有圆截面的切口，它始于放置曲面并延伸到指定的终止曲面或用户定义的深度。

（2）草绘孔：由草绘截面定义的旋转特征。锥形孔可以作为草绘孔进行创建。

（3）标准孔：具有基本形状的螺纹孔。它是基于相关工业标准的，可以带有不同的末端形状、标准沉孔和埋头孔。对选定的紧固件，既可以计算攻螺纹所需参数，也可计算间隙直径。

2. 创建常用孔特征的方法

1）创建直孔

在"模型"选项卡中单击"孔"按钮，在"孔"选项卡中单击"创建简单孔"按钮，设置孔的直孔和深度，按住 Ctrl 键，选择孔所在顶面和轴线作为参考，如图 4-1-71 所示。

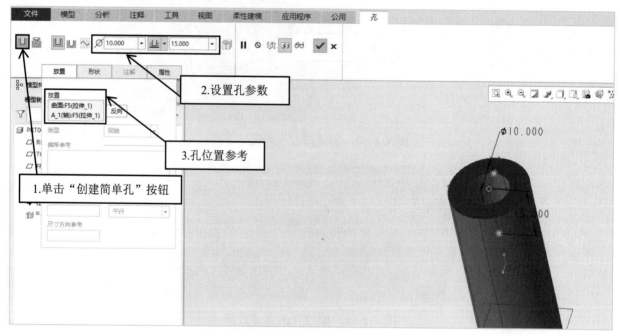

图 4-1-71　创建直孔

注意：单击"孔"按钮后，默认创建的是直孔。

2）创建螺纹孔

在"模型"选项卡中单击"孔"按钮，在"孔"选项卡中单击"创建螺纹孔"按钮，设置螺纹标准和螺钉尺寸，单击"放置"按钮，在弹出的下拉列表中，按住 Ctrl 键，选择孔所在顶面和轴线作为参考，如图 4-1-72 所示。

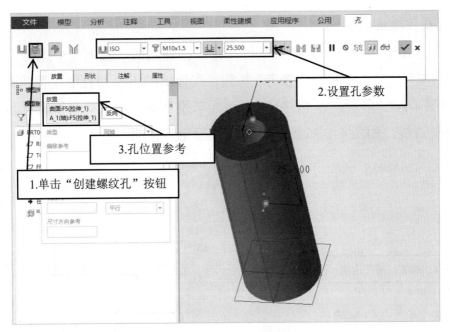

图 4-1-72 创建螺纹孔

三、台灯底座弹簧建模

完成弹簧建模，弹簧零件图如图 4-1-73 所示。

操作视频

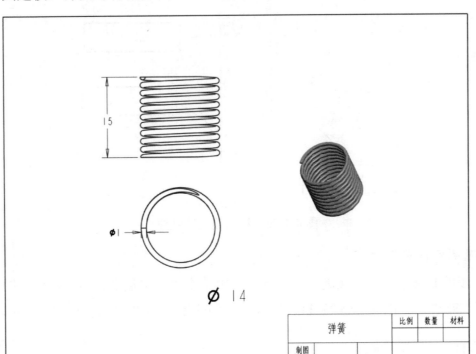

图 4-1-73 弹簧零件图

1）创建弹簧零件

在总装配文件"台灯.ASM"中，选中"底座组件.ASM"选项并右击，在弹出的快捷菜单中选择"激活"命令。在"底座组件.ASM"文件中创建弹簧零件。

2）创建螺旋扫描轨迹线

在"模型"选项卡中单击"扫描"下拉按钮，在弹出的下拉列表中选择"螺旋扫描"选项，在"螺旋扫描"选项卡中单击"参考"按钮，在弹出的下拉列表中设置"螺旋扫描轮廓"，如图4-1-74和图4-1-75所示。以FORNT平面为草绘平面，进入草绘编辑页面，根据图纸尺寸，绘制简易轨迹线，如图4-1-76所示，单击"确定"按钮。

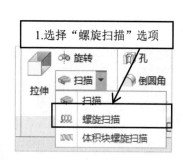

图4-1-74　选择"螺旋扫描"选项

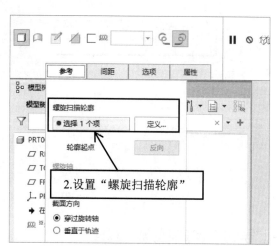

图4-1-75　设置"螺旋扫描轮廓"

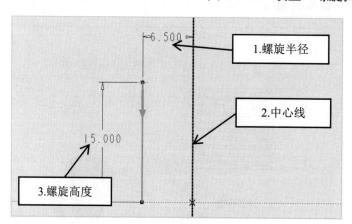

图4-1-76　绘制简易轨迹线

3）创建螺旋扫描截面

在第2步的基础上，在"螺旋扫描"选项卡中单击"扫描截面"按钮，根据图纸绘制扫描截面，单击"确定"按钮，生成螺旋轨迹线并以此创建螺旋扫描，如图4-1-77～图4-1-80所示。

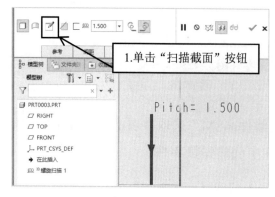

图4-1-77　单击"扫描截面"按钮

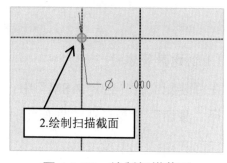

图4-1-78　绘制扫描截面

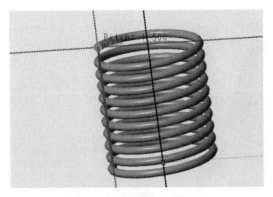

图 4-1-79 螺旋扫描预览

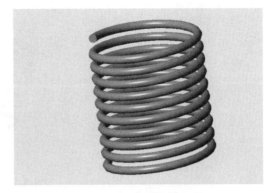

图 4-1-80 弹簧基本体

4）创建弹簧两端平面

选中 FRONT 平面，在"模型"选项卡中单击"拉伸"按钮，进入草绘编辑界面，绘制截面，在"草绘"选项卡中单击"参考"按钮，创建弹簧上下末端圆的辅助圆，绘制用于切除的矩形截面，如图 4-1-81 所示，单击"确定"按钮。在"拉伸"选项卡中单击"移除材料"按钮，单击"选项"按钮，在弹出的下拉列表中将"侧 1"设置为"对称""37.900"，拖动至完全切除上下两端，如图 4-1-82 和图 4-1-83 所示。

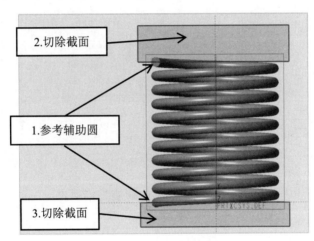

图 4-1-81 切除截面

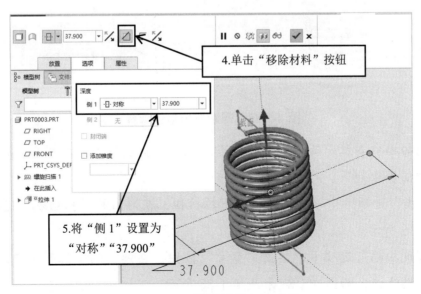

图 4-1-82 设置拉伸切除参数

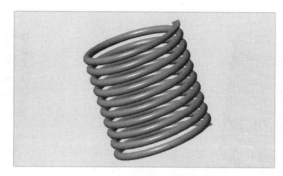

图 4-1-83　弹簧的效果

技能加油站

螺旋扫描

将一个截面沿着螺旋轨迹线进行扫描，即为螺旋扫描。而在 Creo 5.0 版本中，创建螺旋扫描与创建普通扫描的区别在于，创建螺旋扫描无须创建真实的螺旋扫描轨迹，而是先绘制简易的螺旋扫描轨迹，再绘制扫描截面，如图 4-1-84 和图 4-1-85 所示。

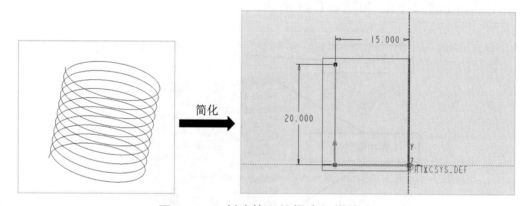

图 4-1-84　创建简易的螺旋扫描轨迹

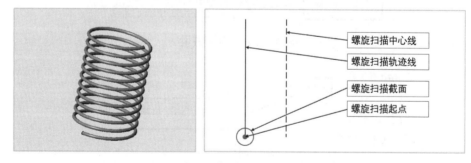

图 4-1-85　螺旋扫描轨迹解释

注意，螺旋扫描中心线是必须绘制的，否则无法成功创建螺旋扫描。

创建螺旋扫描步骤如下。

（1）在"模型"选项卡中单击"扫描"下拉按钮，在弹出的下拉列表中选择"螺旋扫描"选项，如图 4-1-86 所示。

（2）在"螺旋扫描"选项卡中单击"参考"按钮，在弹出的下拉列表中定义螺旋扫描轮廓，绘制螺旋扫描轨迹，如图 4-1-87 和图 4-1-88 所示。

螺旋扫描中心线必须绘制出来，同时将螺旋扫描起点与实线绘制的第一个端点关联。

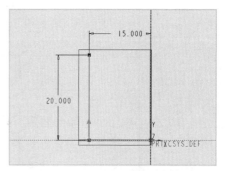

图 4-1-86　选择"螺旋扫描"选项　图 4-1-87　定义螺旋扫描轮廓　图 4-1-88　绘制螺旋扫描轨迹

（3）绘制扫描截面，如图 4-1-89 所示。

图 4-1-89　绘制扫描截面

（4）设置螺距及选择左/右旋，如图 4-1-90 所示。

图 4-1-90　设置螺距及选择左/右旋

四、底座组件其余零件建模

（1）参照前面所学的建模方法，完成底座下壳建模，底座下壳零件图如图 4-1-91 所示。

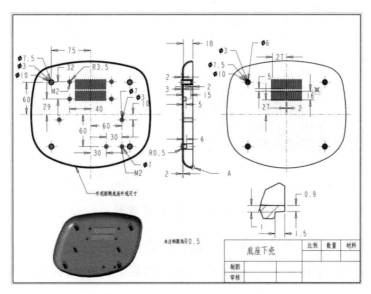

图 4-1-91　底座下壳零件图

（2）参照前面所学的建模方法，完成加重块建模，加重块零件图如图 4-1-92 所示。

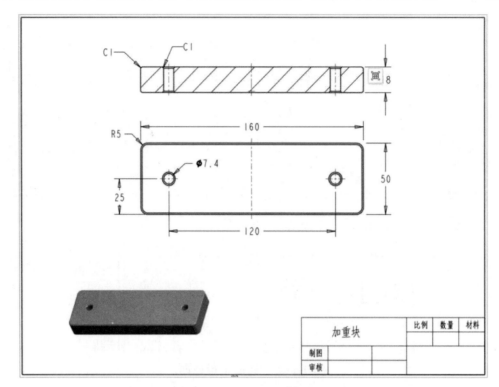

图 4-1-92　加重块零件图

（3）参照前面所学的建模方法，完成电路板建模，电路板零件图如图 4-1-93 所示。

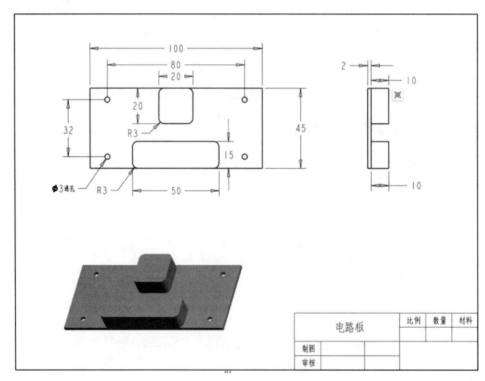

图 4-1-93　电路板零件图

（4）参照前面所学的建模方法，完成触点开关建模，触点开关零件图如图 4-1-94 所示。

（5）参照前面所学的建模方法，完成开关按钮建模，开关按钮零件图如图 4-1-95 所示。

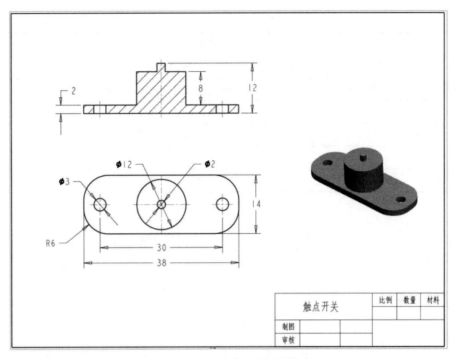

图 4-1-94　触点开关零件图

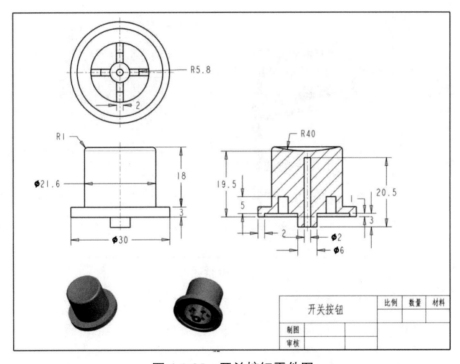

图 4-1-95　开关按钮零件图

任务评价表

任务一　底座组件建模						
序号	检测项目	配分	评分标准	自评	组评	师评
1	骨架模型上壳特征	15	该特征是否符合图纸尺寸要求			
2	骨架模型下壳特征	15	该特征是否符合图纸尺寸要求			
3	底座上壳基本曲面	20	该特征是否符合图纸尺寸要求			

任务一　底座组件建模						
序号	检测项目	配分	评分标准	自评	组评	师评
4	底座上壳按钮、灯杆位置	20	该特征是否符合图纸尺寸要求			
5	弹簧	20	该特征是否符合图纸尺寸要求			
6	其他	10	是否有其他问题，酌情配分			
8	合计					
互评学生姓名						

任务二　灯杆组件建模

一、台灯灯杆

操作视频

（一）组件分析

灯杆组件包括灯杆零件和两个灯杆连接件零件，如图 4-2-1～图 4-2-3 所示。

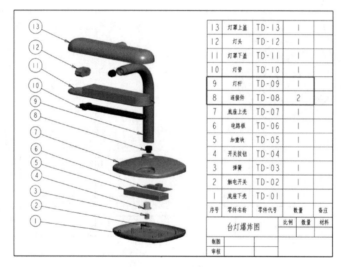

13	灯罩上盖	TD-13	1	
12	灯头	TD-12	1	
11	灯罩下盖	TD-11	1	
10	灯管	TD-10	1	
9	灯杆	TD-09	1	
8	连接件	TD-08	2	
7	底座上壳	TD-07	1	
6	电路板	TD-06	1	
5	加重块	TD-05	1	
4	开关按钮	TD-04	1	
3	弹簧	TD-03	1	
2	触电开关	TD-02	1	
1	底座下壳	TD-01	1	
序号	零件名称	零件代号	数量	备注
台灯爆炸图		比例	数量	材料
制图				
审核				

图 4-2-1　灯杆组件

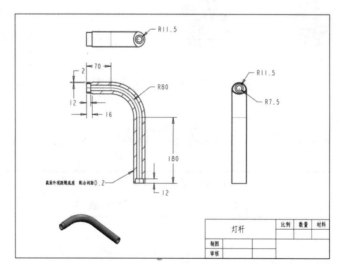

图 4-2-2　灯杆零件图

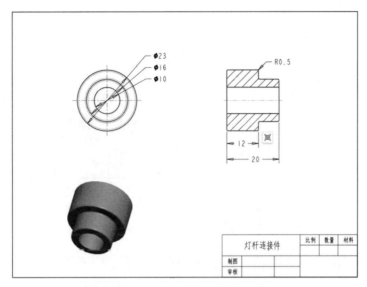

图 4-2-3 灯杆连接件零件图

（二）创建灯杆组件子装配文件

打开总装配文件"台灯.ASM"，在"模型"选项卡中单击"创建"按钮，创建子装配文件"灯杆组件.ASM"。

（三）灯杆建模过程

1. 创建灯杆模型零件

打开"灯杆组件.ASM"文件，在"灯罩组件.ASM"下创建灯杆零件。

2. 绘制灯杆的引导曲线

在"模型树"选项卡中选择"灯杆.PRT"选项并右击，在弹出的快捷菜单中选择"激活"命令。在"模型"选项卡中单击"平面"按钮，弹出"基准平面"对话框，在"放置"选项卡中选择 RIGHT 平面，将其作为参考，将"平移"设置为 44.000，设置偏移方向，如图 4-2-4 所示。在"显示"选择卡中，勾选"调整轮廓"复选框，将基准平面调整到合适的位置，单击"确定"按钮，如图 4-2-5 所示。

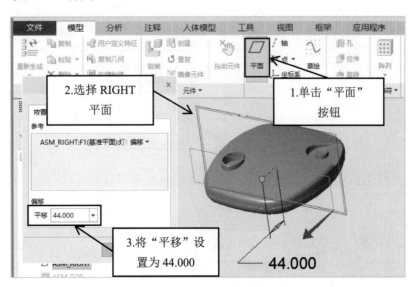

图 4-2-4 创建基准平面

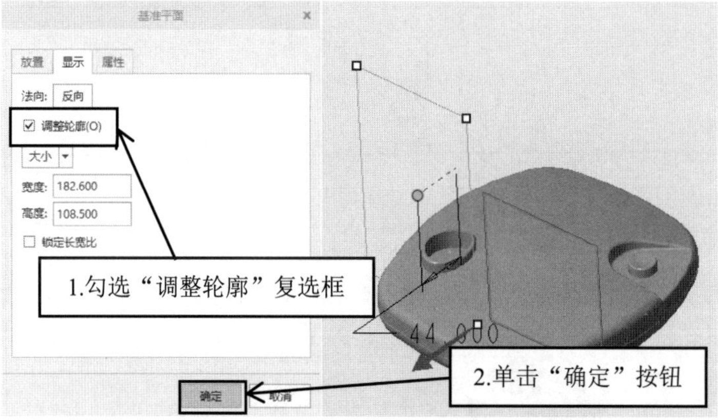

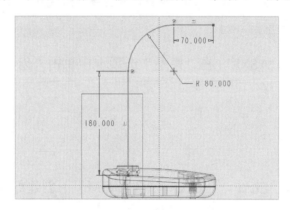

图 4-2-5　将基准平面调整到合适的位置

选择新建的基准平面，在"模型"选项卡中单击"草绘"按钮，进入草绘编辑界面，根据图纸绘制灯杆的引导曲线，单击"确定"按钮，完成"草绘 1"的创建，如图 4-2-6 所示。

图 4-2-6　绘制灯杆的引导曲线

3．创建灯杆的扫描截面

在"模型树"选项卡中选择"草绘 1"选项，将其隐藏。选择如图 4-2-7 所示的平面，在"模型"选项卡中单击"平面"按钮，弹出"基准平面"对话框，在"放置"选择卡中将"平移"设置为 0，在"显示"选择卡中勾选"调整轮廓"复选框，将基准平面调整到合适的位置，单击"确定"按钮。

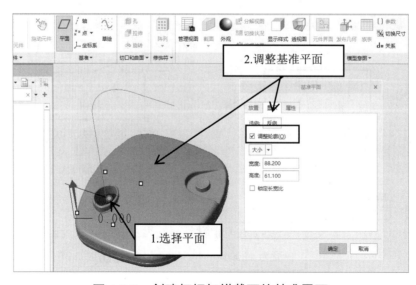

图 4-2-7　创建灯杆扫描截面的基准平面

在"模型树"选项卡中选择"草绘 1"选项，将其显示。选择轨迹线，在"模型"选项卡中单击"扫描"下拉按钮，在弹出的下拉列表中选择"扫描"选项，如图 4-2-8 所示。在"扫描"选项卡中单击"创建或编辑扫描截面"按钮。在草绘编辑界面中，使用"草绘"选项卡中的"投影"功能转化实体边线，如图 4-2-9 和图 4-2-10 所示。

根据图纸"截面外观跟随底座，配合间距 0.2"（见图 4-2-2）的要求，使用"草绘"选项卡中的"偏移"功能，将轮廓线向内偏移 0.2，如图 4-2-11 所示。

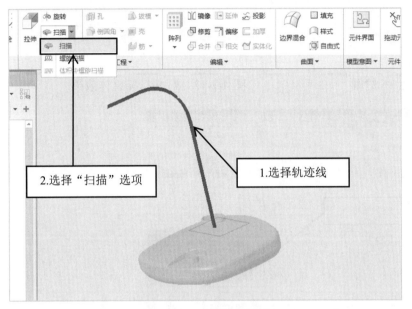

图 4-2-8　创建扫描特征

图 4-2-9　创建扫描截面

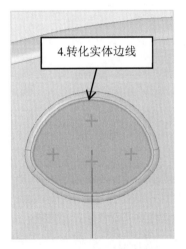

图 4-2-10　转化实体边线

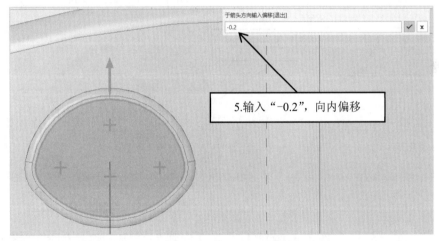

图 4-2-11　偏移轮廓线

删除多余的轮廓线，根据图纸在草绘中心绘制直径为 16 的圆，单击"确定"按钮，完成扫描截面草绘的绘制，如图 4-2-12 所示。灯杆扫描整体效果如图 4-2-13 所示。

4．灯杆其他特征的建模

选择如图 4-2-14 所示的平面，在"模型"选项卡中单击"拉伸"按钮，进入草绘编辑界面。根据图纸绘制相应的草绘，单击"确认"按钮，如图 4-2-15 所示。

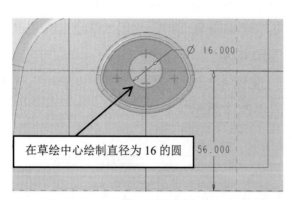

在草绘中心绘制直径为 16 的圆

图 4-2-12　在草绘中心绘制直径为 16 的圆

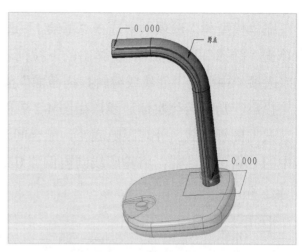

图 4-2-13　灯杆扫描整体效果

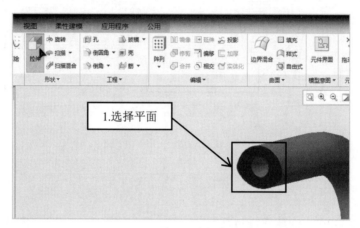

1.选择平面

图 4-2-14　选择平面

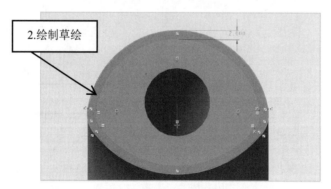

2.绘制草绘

图 4-2-15　绘制草绘

在"拉伸"选项卡中单击"移除材料"按钮，将拉伸深度设置为 16.000，调整拉伸方向，如图 4-2-16 所示。

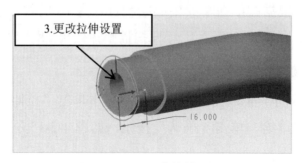

3.更改拉伸设置

图 4-2-16　更改拉伸设置

重复上述拉伸操作，在草绘编辑界面中绘制直径为 23 的圆，单击"确定"按钮。在"拉伸"选项卡中单击"移除材料"按钮，将拉伸深度设置为 12.000，单击"确定"按钮，完成孔直径 23 的拉伸切除操作。内孔拉伸效果如图 4-2-17 所示。

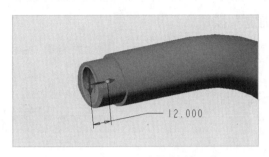

图 4-2-17 内孔拉伸效果

选择灯杆底端平面，进入草绘编辑界面，根据图纸绘制台阶孔草绘，如图 4-2-18 所示，单击"确定"按钮。在"拉伸"选项卡中单击"移除材料"按钮，将拉伸深度设置为 12.000，调整拉伸方向，如图 4-2-19 所示。灯杆整体效果如图 4-2-20 所示。

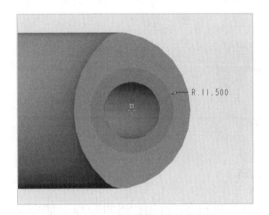

图 4-2-18 绘制台阶孔草绘

图 4-2-19 更改台阶孔参数设置

图 4-2-20 灯杆整体效果

二、灯杆连接件

1. 创建灯杆连接件零件

打开"灯杆组件.ASM"文件，执行前述操作，在"灯杆组件.ASM"文件中创建灯杆连接件零件。

操作视频

2．灯杆连接件建模

选择如图 4-2-21 所示的平面，在"模型"选项卡中单击"拉伸"按钮，进入草绘编辑界面。根据图纸绘制拉伸截面，如图 4-2-22 所示。将拉伸深度设置为 12.000，调整拉伸方向，如图 4-2-23 所示，单击"确定"按钮。

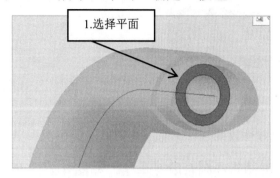

图 4-2-21　选择平面（1）

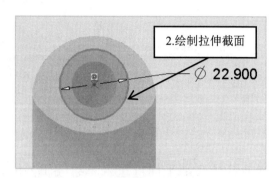

图 4-2-22　绘制拉伸截面（1）

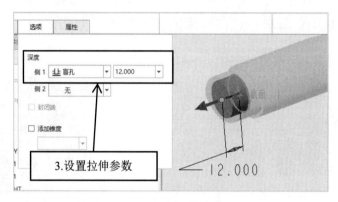

图 4-2-23　设置拉伸参数（1）

在"模型"选项卡中单击"倒圆角"按钮，根据图纸进行零件的倒圆角操作，如图 4-2-24 所示。

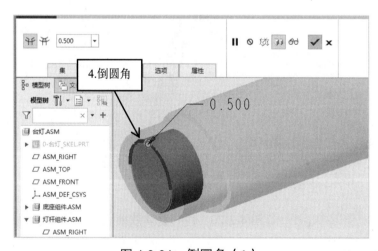

图 4-2-24　倒圆角（1）

选择如图 4-2-25 所示的平面，在"模型"选项卡中单击"拉伸"按钮，进入草绘编辑界面。根据图纸绘制拉伸截面，如图 4-2-26 所示。将拉伸深度设置为 8.000，调整拉伸方向，如图 4-2-27 所示，单击"确定"按钮。

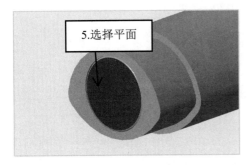

图 4-2-25　选择平面（2）

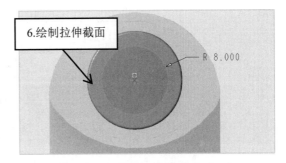

图 4-2-26　绘制拉伸截面（2）

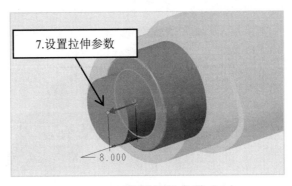

图 4-2-27　设置拉伸参数（2）

在"模型"选项卡中单击"倒圆角"按钮，根据图纸进行零件的倒圆角操作，如图 4-2-28 所示。

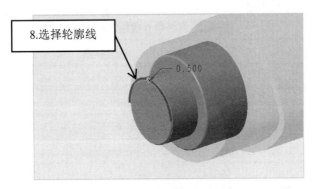

图 4-2-28　倒圆角（2）

选择如图 4-2-29 所示的平面，在"模型"选项卡中单击"拉伸"按钮，进入草绘编辑界面。根据图纸绘制拉伸截面，如图 4-2-30 所示。在"拉伸"选项卡中，将拉伸深度设置为 20.00，单击"移除材料"按钮，调整拉伸方向，如图 4-2-31 所示，单击"确定"按钮。灯杆连接件整体效果如图 4-2-32 所示。

图 4-2-29　选择平面（3）

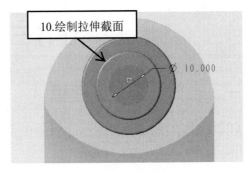

图 4-2-30　绘制拉伸截面（3）

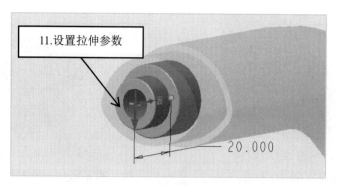

图 4-2-31 设置拉伸参数（3）

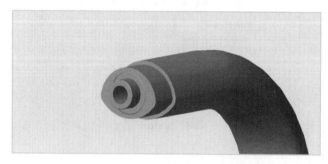

图 4-2-32 灯杆连接件整体效果

任务评价表

任务二 灯杆组件建模型						
序号	检测项目	配分	评分标准	自评	组评	师评
1	灯杆引导曲线	25	该特征是否正确			
2	灯杆扫描截面	25	该特征是否正确			
3	灯杆其余特征	20	该特征是否正确			
4	灯杆连接件	30	该特征是否正确			
5	合计					
互评学生 姓名						

任务三 灯罩组件建模

一、台灯灯罩骨架建模

灯罩组件如图 4-3-1 所示，灯罩外观图如图 4-3-2 所示。

操作视频

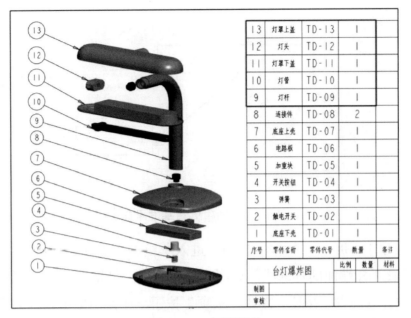

图 4-3-1　灯罩组件

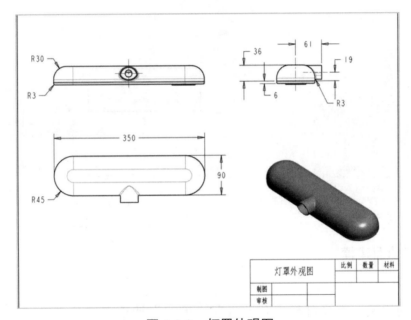

图 4-3-2　灯罩外观图

（一）创建灯罩组件子装配文件

重复前面子装配图的创建步骤，创建子装配文件"灯罩组件.ASM"。

（二）灯罩骨架建模过程

1. 创建灯罩骨架模型

打开"灯罩组件.ASM"文件，在"灯罩组件.ASM"文件下创建"0-灯罩组件"骨架模型。

2. 灯罩连接头配合曲面建模

选择灯杆顶部端面，在"模型"选项卡中单击"平面"按钮，弹出"基准平面"对话框，将"平移"设置为 0，单击"确定"按钮，如图 4-3-3 所示。

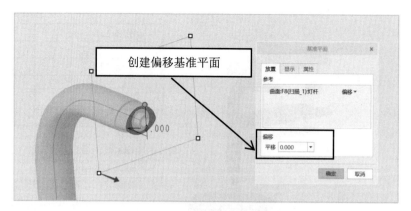

图 4-3-3 创建偏移基准平面

在"模型"选项卡中单击"拉伸"按钮，进入草绘编辑界面。在"草绘"选项卡中单击"投影"按钮，投影灯杆端面的轮廓线，如图 4-3-4 所示，单击"确定"按钮。在"拉伸"选项卡中，单击"拉伸为曲面"按钮，单击"选项"按钮，在弹出的下拉列表中将"侧 1"设置为"盲孔""16.000"，将"侧 2"设置为"盲孔""40.000"，如图 4-3-5 所示。

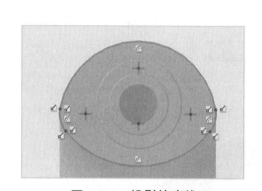

图 4-3-4 投影轮廓线

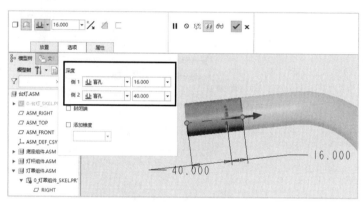

图 4-3-5 设置拉伸参数

3．灯罩骨架曲面建模

1）创建绘图基准平面

隐藏连接头的模型，选择灯杆内孔面，在"模型"选项卡中单击"轴"按钮，创建基准轴，如图 4-3-6 所示。在"模型"选项卡中单击"平面"按钮，选择 TOP 平面和基准轴，创建与基准轴平齐的基准平面，如图 4-3-7 所示。

图 4-3-6 创建基准轴

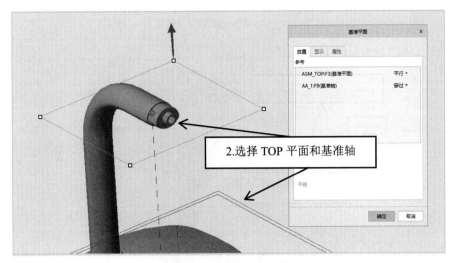

图 4-3-7　创建基准平面

再次在"模型"选项卡中单击"平面"按钮，在"基准平面"选项卡中将"平移"设置为25.000，单击"确定"按钮，如图 4-3-8 所示。

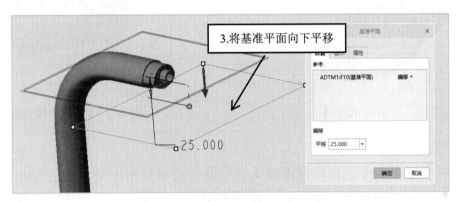

图 4-3-8　将基准平面向下平移

2）拉伸曲面

在"模型"选项卡中单击"拉伸"按钮，以基准平面为绘图平面，根据图纸绘制拉伸截面。在"拉伸"选项卡中单击"拉伸为曲面"按钮，单击"选项"按钮，弹出"选项"下拉列表，在列表中将"侧 1"设置为"盲孔""42.000"，勾选"封闭端"复选框，调整拉伸方向，如图 4-3-9 和图 4-3-10 所示。

3）曲面倒圆角

在"模型"选项卡中单击"倒圆角"按钮，根据图纸对灯罩基本曲面上下边线进行倒圆角操作，上边线倒圆角数值为 30，下边线倒圆角数值为 3，如图 4-3-11 和图 4-3-12 所示。

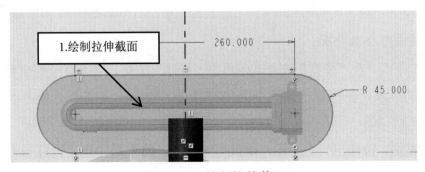

图 4-3-9　绘制拉伸截面

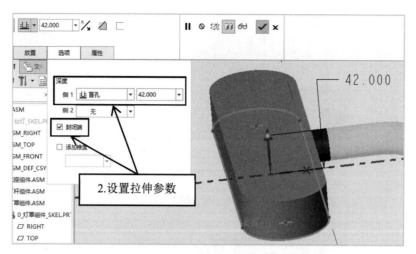

图 4-3-10　设置拉伸参数

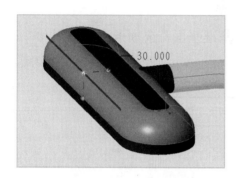

图 4-3-11　上边线倒圆角

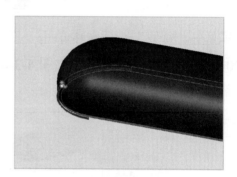

图 4-3-12　下边线倒圆角

4）合并曲面

在"模型树"选项卡中选择灯杆连接头的曲面并使其显示出来。按住 Ctrl 键，同时选中与灯罩连接头配合曲面和灯罩骨架曲面，在"模型"选项卡中单击"合并"按钮，进入合并编辑界面，调整合并箭头的方向，如图 4-3-13 和图 4-3-14 所示，单击"确定"按钮，完成两个曲面的合并操作。

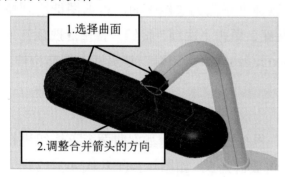

图 4-3-13　合并曲面

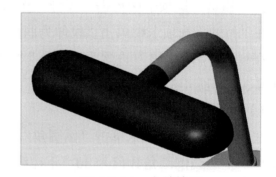

图 4-3-14　合并效果

5）创建骨架模型公共平面

选择 FRONT 平面，在"模型"选项卡中单击"拉伸"按钮，进入草绘编辑界面，如图 4-3-15 所示。按照图纸的要求，在灯罩上盖和下盖的交接处，绘制一条直线，单击"确定"按钮，如图 4-3-16 所示。

以该直线为截面，拉伸出一个平面，设置拉伸深度，使平面完全穿过灯罩骨架，如图 4-3-17 所示，单击"确定"按钮，灯罩骨架模型整体效果如图 4-3-18 所示。

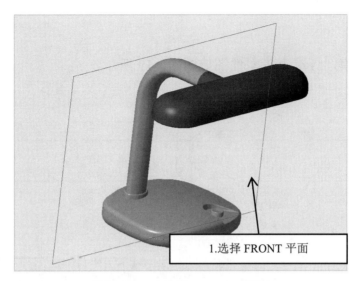

图 4-3-15 选择 FRONT 平面

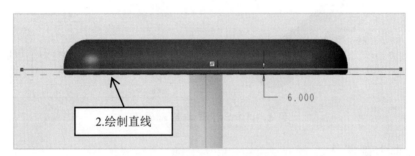

图 4-3-16 绘制直线

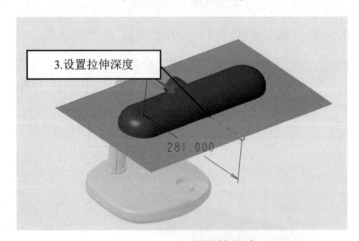

图 4-3-17 设置拉伸深度

图 4-3-18 灯罩骨架模型整体效果

操作视频

二、灯罩上盖

完成灯罩上盖建模，灯罩上盖零件图如图4-3-19所示。

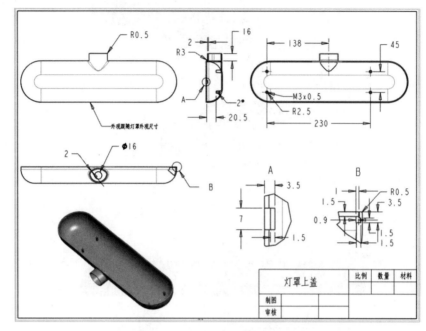

图4-3-19　灯罩上盖零件图

（一）创建灯罩上盖零件

激活"灯罩组件.ASM"文件，在"模型"选项卡中单击"创建"按钮，创建"灯罩上盖"零件，如图4-3-20所示，并且将元件放置约束类型设置为"默认"。

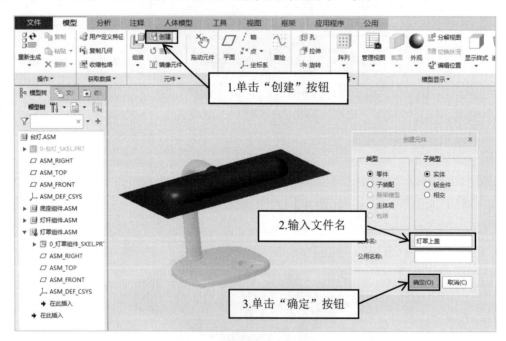

图4-3-20　创建灯罩上盖零件

（二）灯罩零件建模过程

1. 导入灯罩骨架模型文件

选择"灯罩上盖.PRT"文件并打开，在"模型"选项卡中单击"复制几何"按钮，如图4-3-21

所示。在"复制几何"选项卡中单击"打开"按钮，弹出"打开"对话框，使用默认设置打开选中任务一中创建好的灯罩骨架模型文件"0_灯罩组件_skel.prt"，如图 4-3-22 所示。

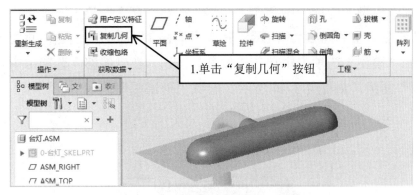

图 4-3-21　单击"复制几何"按钮

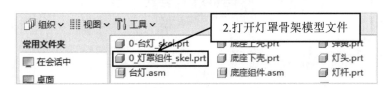

图 4-3-22　打开灯罩骨架模型文件

在"复制几何"选项卡中单击"仅限发布"按钮，单击界面右下方的过滤器下拉按钮，在弹出的下拉列表中选择"面组"选项，按住 Ctrl 键，同时选中灯罩骨架模型中所有的面组和曲面后，单击鼠标中键，如图 4-3-23 所示。在"模型树"选项卡中显示"外部复制几何 标识 40"，完成灯罩骨架模型文件的导入，如图 4-3-24 所示。

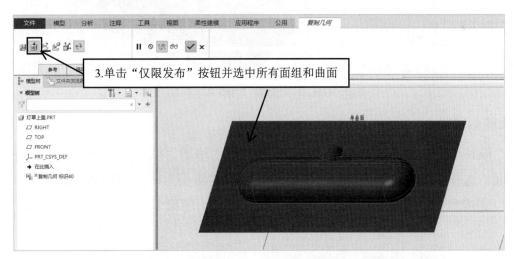

图 4-3-23　单击"仅限发布"按钮并选中所有面组和曲面

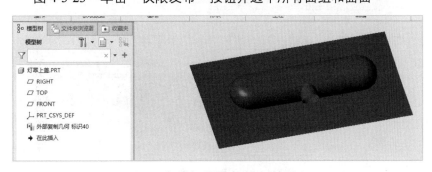

图 4-3-24　完成灯罩骨架模型的导入

2．偏移骨架曲面

单击界面右下方的过滤器下拉按钮，在弹出的下拉列表中选择"面组"选项，选择骨架模型中的面组，在"模型"选项卡中单击"偏移"按钮。在"偏移"选项卡中将偏移值设置为0，单击"确定"按钮，如图4-3-25所示，完成"偏移1"面组的创建。重复操作，选择骨架模型公共平面，在"模型"选项卡中单击"偏移"按钮，在"偏移"选项卡中将偏移值设置为0，创建"偏移2"面组，如图4-3-26所示。隐藏"外部复制几何 标识40"。

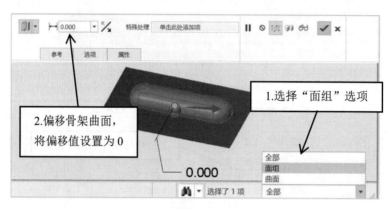

图 4-3-25　创建"偏移 1"面组

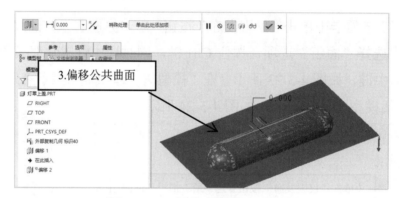

图 4-3-26　创建"偏移 2"面组

3．修剪曲面

选择"偏移1"曲面，在"模型"选项卡中单击"修剪"按钮，如图4-3-27所示，进入曲面修剪界面。选择"偏移2"曲面作为修剪曲面，调整箭头方向，如图4-3-28所示，单击"确定"按钮，完成曲面修剪操作，效果如图4-3-29所示，隐藏骨架公共曲面。

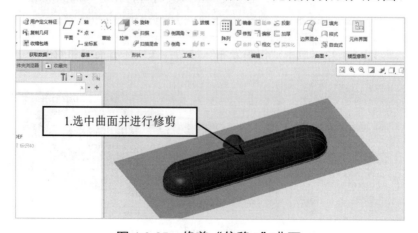

图 4-3-27　修剪"偏移 1"曲面

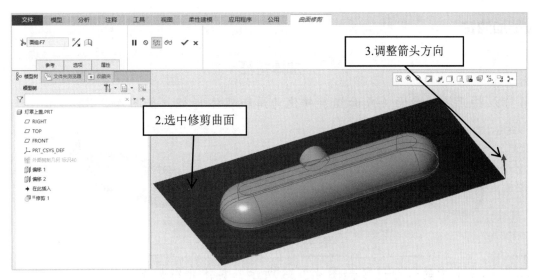

图 4-3-28　修剪"偏移 2"曲面

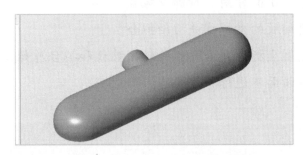

图 4-3-29　修剪曲面的效果

4．加厚曲面

选择修剪后的曲面，在"模型"选项卡中单击"加厚"按钮，在"加厚"选项卡中将加厚数值设置为 2.000，调整加厚方向，单击"确定"按钮，如图 4-3-30 和图 4-3-31 所示。

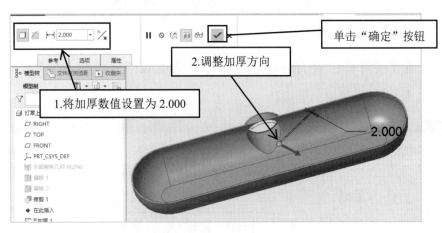

图 4-3-30　加厚曲面

图 4-3-31　加厚曲面的效果

技能加油站

加厚特征

Creo 可以将开放的曲面（或面组）转化为薄板实体特征，如图 4-3-32 所示。

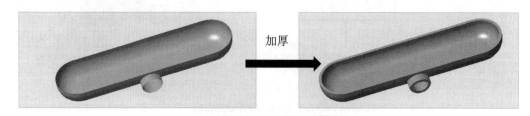

图 4-3-32　加厚效果

"加厚"选项卡中的部分选项如图 4-3-33 所示，具体介绍如下。

垂直于曲面：按垂直于曲面方向进行加厚操作。

自动拟合：确定自动缩放的坐标系并沿轴拟合。

控制拟合：相对于定制坐标系并沿指定的轴来缩放和拟合原始曲面。

排除曲面：选择个别曲面不进行加厚操作。

图 4-3-33　"加厚"选项卡中的部分选项

5. 倒圆角

选择灯罩上盖连接灯杆位置的两处边线和灯罩上盖底部外边线，分别进行倒圆角操作，如图 4-3-34 和图 4-3-35 所示。

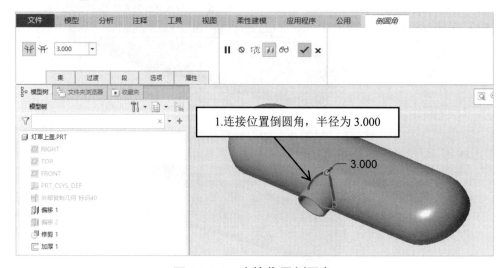

图 4-3-34　连接位置倒圆角

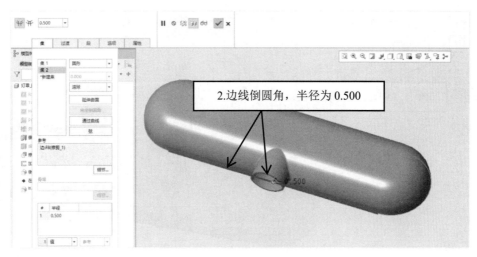

图 4-3-35 边线倒圆角

6. 创建止口特征

选择灯罩上盖底部平面,在"模型"选项卡中单击"草绘"按钮,在"草绘"选项卡中单击"投影"按钮,创建扫描轨迹,如图 4-3-36 和图 4-3-37 所示。选中创建的扫描轨迹,在"模型"选项卡中单击"扫描"按钮,在"扫描"选项卡中单击"创建扫描截面"按钮,根据图纸绘制扫描截面,如图 4-3-38 和图 4-3-39 所示。单击"移除材料"按钮,单击"确定"按钮,如图 4-3-40 和图 4-3-41 所示。

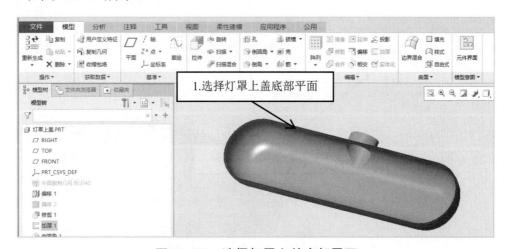

图 4-3-36 选择灯罩上盖底部平面

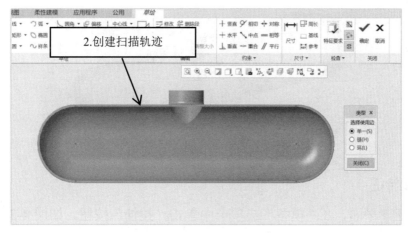

图 4-3-37 创建扫描轨迹

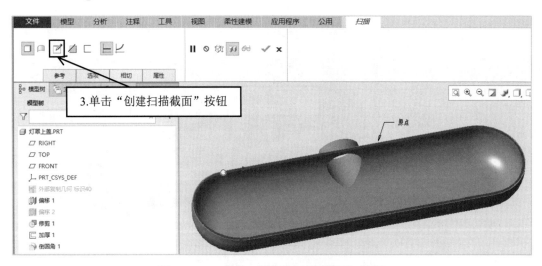

图 4-3-38　单击"创建扫描截面"按钮

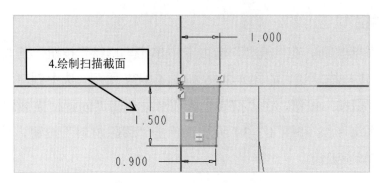

图 4-3-39　绘制扫描截面

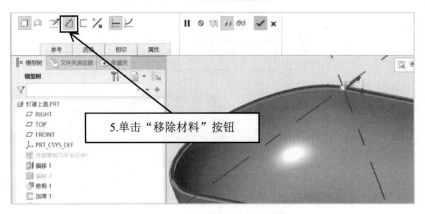

图 4-3-40　单击"移除材料"按钮

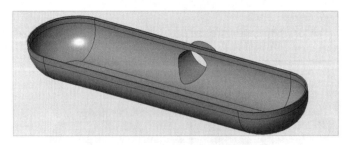

图 4-3-41　止口特征的效果

7. 创建内扣特征

选择止口特征下平面,在"模型"选项卡中单击"拉伸"按钮,如图 4-3-42 所示。在"草绘"选项卡中单击"投影"按钮,创建轮廓线,根据图纸绘制拉伸截面,并且单击"镜像"按钮将其镜像复制到另一侧，如图 4-3-43 所示。

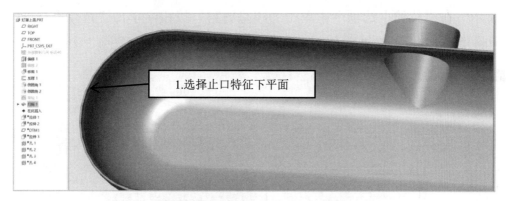

图 4-3-42　选择止口特征下平面

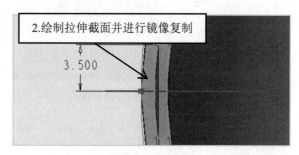

图 4-3-43　绘制拉伸截面并进行镜像复制

单击"移除材料"按钮，单击"选项"按钮，在弹出的下拉列表中将"侧 1"设置为"盲孔""3.500"，单击"确定"按钮，如图 4-3-44 和图 4-3-45 所示。

图 4-3-44　设置拉伸参数

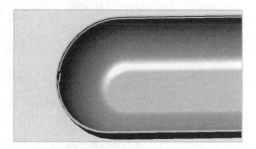

图 4-3-45　内扣特征的效果

选择创建的拉伸平面，如图 4-3-46 所示，在"模型"选项卡中单击"拉伸"按钮。在"草绘"选项卡中单击"投影"按钮，创建轮廓线，将偏移值设置为 0.500，根据图纸绘制拉伸截面，并且单击"镜像"按钮将其镜像复制到另外一侧，单击"确定"按钮，如图 4-3-47 和图 4-3-48 所示。在"拉伸"选项卡中单击"移除材料"按钮，单击"选项"按钮，在弹出的下拉列表中将"侧 1"设置为"盲孔""1.500"，向上切除材料，如图 4-3-49 和图 4-3-50 所示。

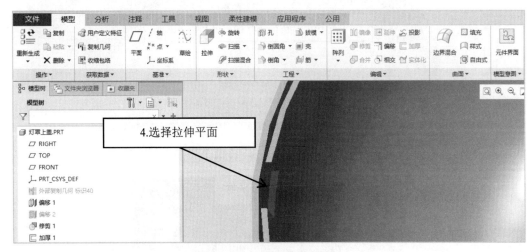

图 4-3-46　选择拉伸平面

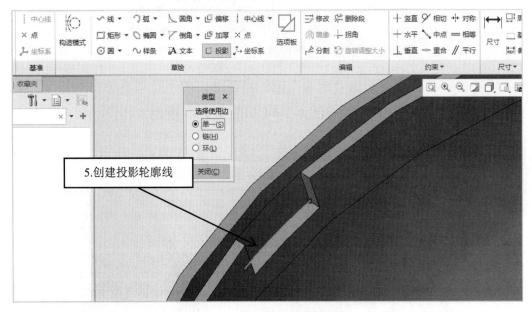

图 4-3-47　创建投影轮廓线

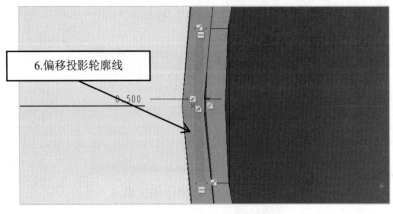

图 4-3-48　偏移投影轮廓线

图 4-3-49 设置拉伸参数

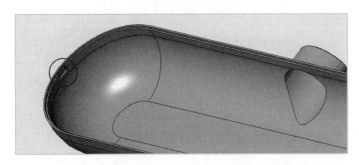

图 4-3-50 内扣特征效果

8. 创建螺柱

选择灯罩上盖底部平面，在"模型"选项卡中单击"平面"按钮，弹出"基准平面"对话框，在"放置"选项卡中将"平移"设置为 22.000，单击"确定"按钮，创建偏移平面，如图 4-3-51 所示。选择偏移平面 DTM1，在"模型"选项卡中单击"拉伸"按钮，进入草绘编辑界面，根据图纸绘制拉伸截面，如图 4-3-52 所示。

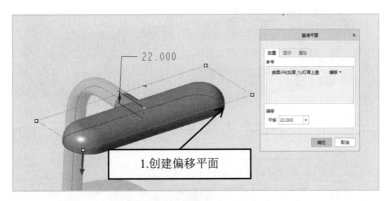

图 4-3-51 创建偏移平面

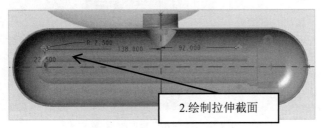

图 4-3-52 绘制拉伸截面

在"拉伸"选项卡中单击"选项"按钮，在弹出的下拉列表中将"侧 1"设置为"到下一个"，勾选"添加锥度"复选框，将数值设置为 2.0，单击"确定"按钮，如图 4-3-53和图 4-3-54 所示。

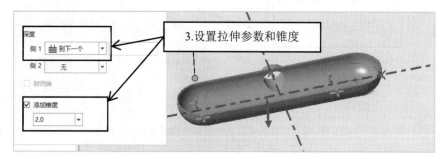

图 4-3-53　设置拉伸参数和锥度

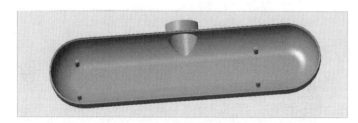

图 4-3-54　拉伸效果

在"模型"选项卡中单击"孔"按钮，进入孔特征编辑界面，在"孔"选项卡中单击"创建标准孔"按钮，根据图纸，将螺钉尺寸设置为 M3x.5，如图 4-3-55 所示。单击"放置"按钮，按住 Ctrl 键，选择螺柱顶面和基准轴，确定螺纹孔的中心，单击"确定"按钮，如图 4-3-56所示。重复添加孔特征操作，完成效果如图 4-3-57 所示。

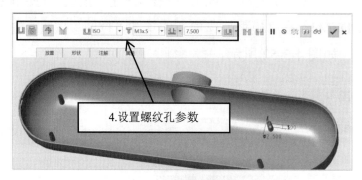

图 4-3-55　设置螺纹孔参数

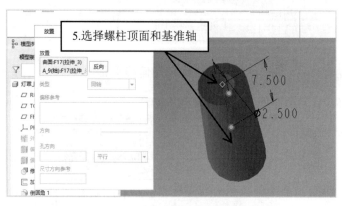

图 4-3-56　选择螺柱顶面和基准轴

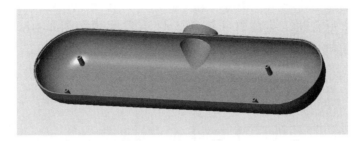

图 4-3-57　完成效果

三、灯罩组件其余零件建模

参照前面所学的建模方法，完成灯罩下盖建模，灯罩下盖零件图如图 4-3-58 所示。

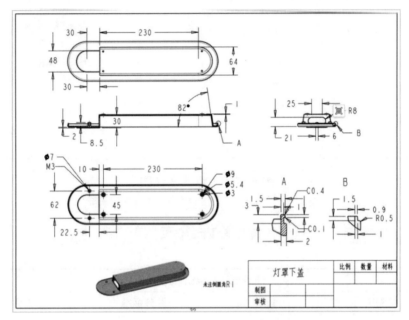

图 4-3-58　灯罩下盖零件图

参照前面所学的建模方法，完成灯管建模，灯管零件图如图 4-3-59 所示。

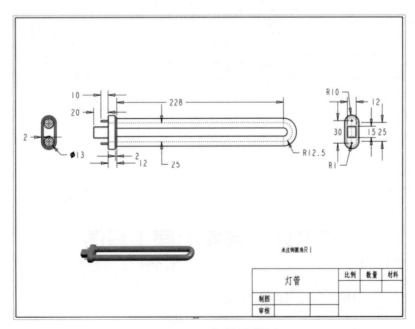

图 4-3-59　灯管零件图

参照前面所学的建模方法，完成灯头建模，灯头零件图如图 4-3-60 所示。

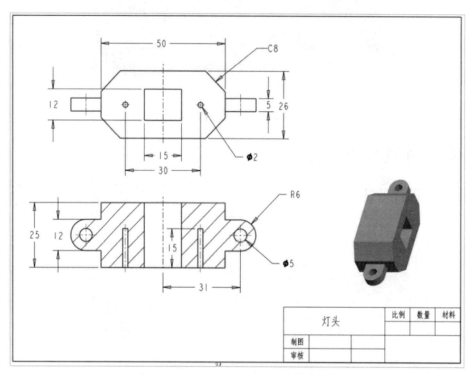

图 4-3-60　灯头零件图

任务评价表

	任务三　灯罩组件建模					
序号	检测项目	配分	评分标准	自评	组评	师评
1	灯罩骨架曲面	20	该特征是否正确			
2	灯罩骨架分型面	5	该特征是否正确			
3	灯罩上壳曲面	25	该特征是否正确			
4	灯罩止口特征	20	该特征是否正确			
5	灯罩内扣特征	20	该特征是否正确			
6	其他	10	该特征是否正确			
7	合计					
互评学生
姓名						

任务四　底座上壳工程图

完成底座上壳工程图的制图，如图 4-4-1 所示。

操作视频

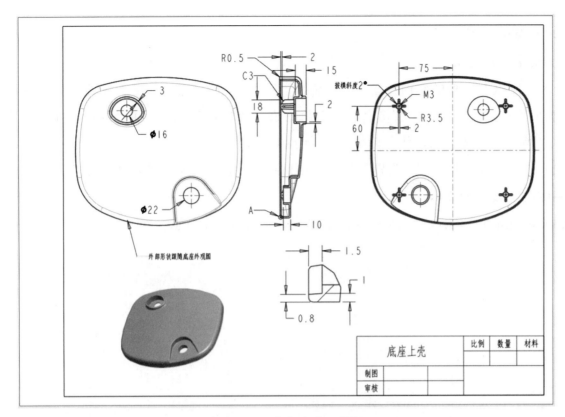

图 4-4-1　底座上壳工程图

1. 创建文件

（1）打开"底座上壳.PRT"文件，底座上壳模型如图 4-4-2 所示。

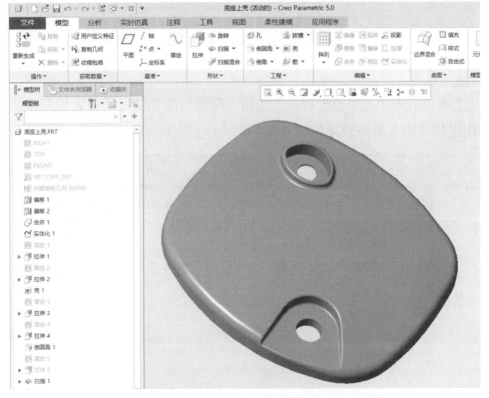

图 4-4-2　底座上壳模型

（2）新建"类型"为"绘图"、"文件名"为"下壳"的文件。

2．视图的创建

1）创建一般视图

（1）在图纸左上角的空白位置单击，弹出"绘图视图"对话框，在"类别"列表框中选择"视图类型"选项，在"模型视图名"列表框中选择"TOP"选项。在"选择定向方法"选区中选中"角度"单选按钮，将角度值设置为180。

（2）修改视图比例。在"类别"列表框中选择"比例"选项，选中"自定义比例"单选按钮，将比例值设置为0.4。

（3）创建消隐视图，完成一般视图的创建，如图4-4-3所示。

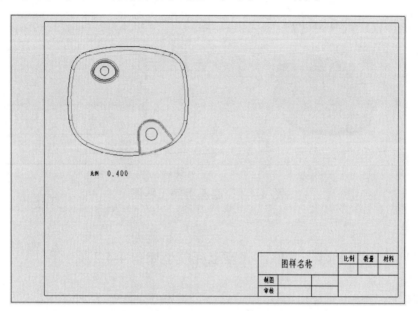

图4-4-3　一般视图

2）创建投影视图

在"布局"选项卡中单击"投影视图"按钮，在适当位置单击以放置投影视图，并且对所有的投影视图进行消隐，最终效果如图4-4-4所示。

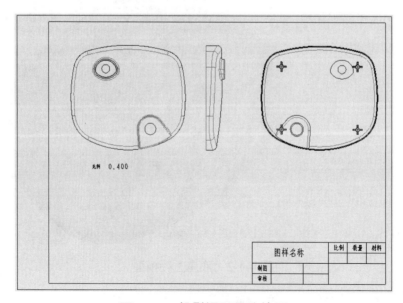

图4-4-4　投影视图最终效果

3）创建剖视图

创建全剖视图，并且修改剖视图的密度，效果如图 4-4-5 所示。

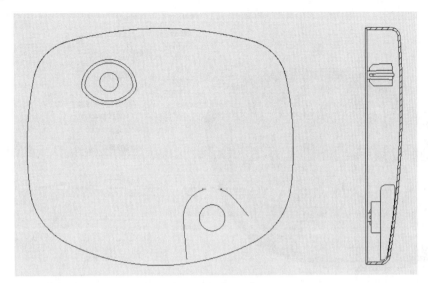

图 4-4-5　剖视图

4）创建局部放大图

（1）选择局部放大图的中心点。在"布局"选项卡中单击"局部放大图"按钮，在如图 4-4-6 所示的绘图中单击，此时系统以加亮的叉来显示选择的中心点。

（2）绘制局部放大图。选择中心点后，直接绕着选择的中心点依次单击以选择若干个点，绘制如图 4-4-7 所示的样条线，单击鼠标中键完成绘制。

（3）放置局部放大图。在图纸上合适的位置单击以放置局部放大图，在空白处单击使局部放大图不被选中，完成局部放大图的放置，并且将比例值设置为 3，如图 4-4-8 所示。

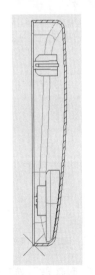 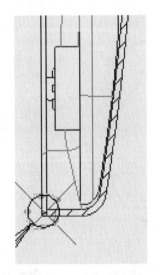 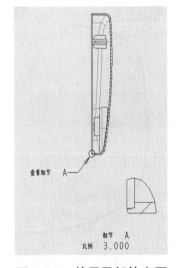

图 4-4-6　选择中心点　　　图 4-4-7　绘制样条线　　　图 4-4-8　放置局部放大图

5）放置辅助视图

放置辅助视图。在图纸上合适的空白位置单击，弹出"绘图视图"对话框，在"类别"列表框中选择"视图类型"选项，单击"默认方向"下拉按钮，在弹出的下拉列表中选择"斜轴测"选项，如图 4-4-9 所示。在"类别"列表框中选择"比例"选项，选中"自定义比例"单选按钮，将比例值设置为 0.3，单击"确定"按钮。

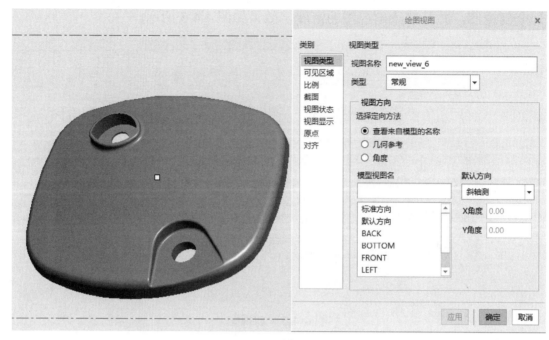

图 4-4-9　辅助视图

3．绘制中心线

单击其中一个视图，弹出快捷工具条，单击"显示模型注释"按钮，如图 4-4-10 所示。弹出"显示模型注释"对话框，单击"显示模型基准"按钮，切换到"显示模型基准"选项卡，勾选全部复选框，单击"确定"按钮，完成视图中所有中心线的自动绘制，如图 4-4-11 所示。

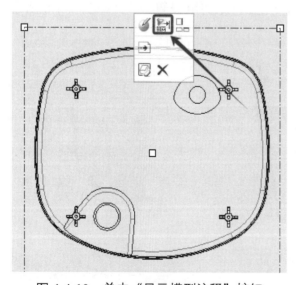

图 4-4-10　单击"显示模型注释"按钮

图 4-4-11　"显示模型基准"选项卡

4．标注尺寸

参照图 4-4-1，标注各视图的尺寸。

5．填写标题栏

任务五 台灯的装配

完成台灯的装配，台灯装配后的效果如图 4-5-1 所示。

操作视频

图 4-5-1 台灯装配后的效果

1. 新建文件

启动 Creo，在"主页"选项卡中单击"新建"按钮，弹出"新建"对话框。在"类型"选区中选中"装配"单选按钮，在"文件名"文本框中输入"台灯"，取消勾选"使用默认模板"复选框，单击"确定"按钮。弹出"新文件选项"对话框，选择"mmns_asm_design"选项，单击"确定"按钮。

2. 组装

（1）固定底座下壳。将"约束类型"设置为"固定"，单击"确定"按钮。

（2）加重块的装配。导入加重块零件，先将加重块的两个孔和底座下壳的两个凸柱进行重合约束，如图 4-5-2 所示。再将两个零件的平面进行重合约束，如图 4-5-3 所示，完成加重块的装配。

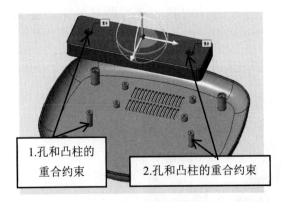

图 4-5-2 加重块两个孔和底座下壳两个凸柱的重合约束

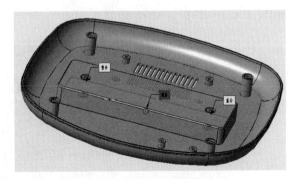

图 4-5-3 底部平面的重合约束

（3）电路板的装配。导入电路板零件，先将电路板的两个孔和底座下壳凸柱进行重合约束，如图 4-5-4 所示。再将电路板底面和底座下壳四个凸柱的顶面进行重合约束，如图 4-5-5 所示，完成电路板的装配。

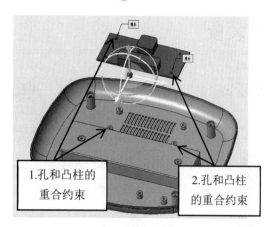

图 4-5-4　电路板两个孔和底座下壳
凸柱的重合约束

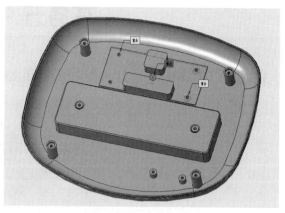

图 4-5-5　电路板底面和底座下壳四个凸柱
顶面的重合约束

（4）触点开关的装配。导入触点开关零件，先将触点开关的两个孔和底座上壳的两个安装凸柱进行重合约束，如图 4-5-6 所示。再将触点开关的底面和凸柱顶面进行重合约束，如图 4-5-7 所示，完成电路板的装配。

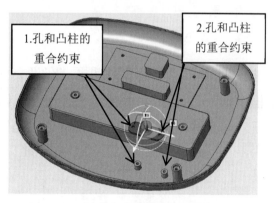

图 4-5-6　触点开关两个孔和底座上壳
两个安装凸柱的重合约束

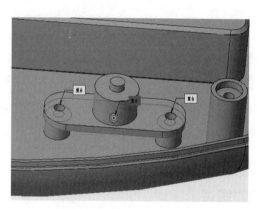

图 4-5-7　触点开关底面和
凸柱顶面的重合约束

（5）弹簧的装配。导入弹簧零件，先将弹簧的 TOP 平面和触点开关的上表面进行重合约束，如图 4-5-8 所示。再将弹簧的 RIGHT 平面和触点开关的短边侧面进行距离约束，距离为 19，如图 4-5-9 所示。最后将 FRONT 平面和触点开关的长边侧面进行距离约束，距离为 7，如图 4-5-10 所示，完成弹簧的装配。

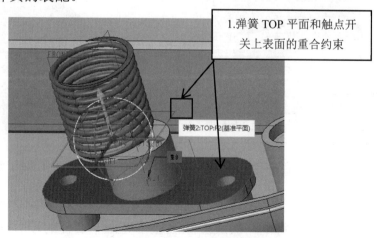

图 4-5-8　弹簧 TOP 平面和触点开关上表面的重合约束

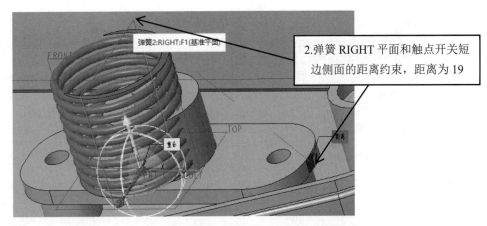

图 4-5-9 弹簧 RIGHT 平面和触点开关短边侧面的距离约束

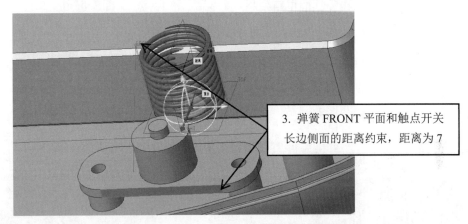

图 4-5-10 弹簧 FRONT 平面和触点开关长边侧面的距离约束

（6）开关按钮的装配。导入开关按钮零件，先将开关按钮的圆柱面和触点开关的中间凸起圆柱面进行重合约束，如图 4-5-11 所示。再将弹簧的上平面和触点开关的底部平面进行重合约束，如图 4-5-12 所示，完成开关按钮的装配。

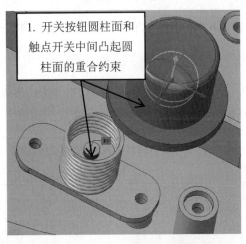

图 4-5-11 开关按钮圆柱面和触点开关
中间凸起圆柱面的重合约束

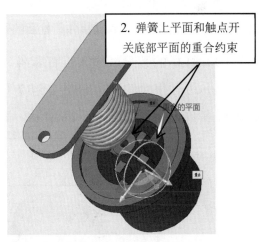

图 4-5-12 弹簧上平面和触点开关
底部平面的重合约束

（7）底座上壳的装配。导入底座上壳零件，先分别将底座上壳和底座下壳对角的两个凸柱重合约束，如图 4-5-13 所示。再将两个零件的止口平面进行重合约束，如图 4-5-14 所示，完成底座上壳的装配。

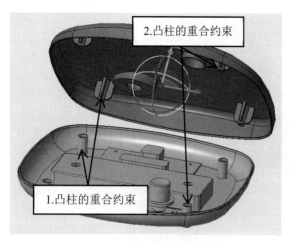

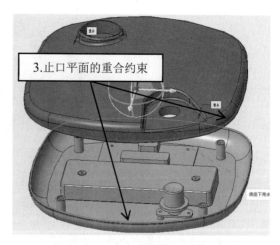

图 4-5-13　对角凸柱的重合约束　　　　　图 4-5-14　止口平面的重合约束

（8）灯杆底部连接件的装配。导入连接件零件，先将底座上壳孔圆柱面和连接件的圆柱面进行重合约束，如图 4-5-15 所示。再将连接件和底座上壳的接触平面进行重合约束，如图 4-5-16 所示，完成灯杆底部连接件的装配。

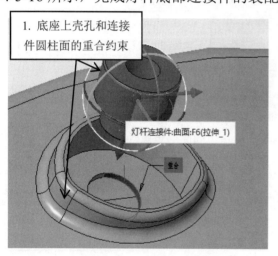

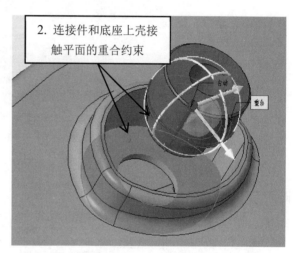

图 4-5-15　底座上壳孔和连接件圆柱面的重合约束　　图 4-5-16　连接件和底座上壳接触平面的重合约束

（9）灯杆的装配。导入灯杆零件，先将灯杆的前、后圆弧面分别和底座上壳孔口的前、后圆弧面进行重合约束，如图 4-5-17 和图 4-5-18 所示。再将灯杆的底部平面和孔口的底部平面进行重合约束，如图 4-5-19 所示，完成灯杆的装配。

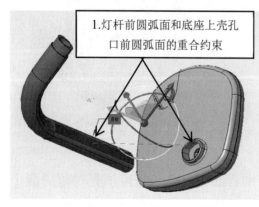

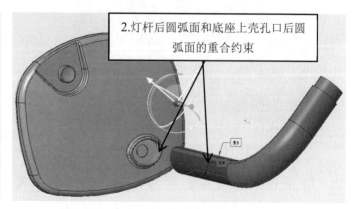

图 4-5-17　灯杆前圆弧面和底座上壳孔口　　　图 4-5-18　灯杆后圆弧面和底座上壳孔口
　　　　　　前圆弧面的重合约束　　　　　　　　　　　　后圆弧面的重合约束

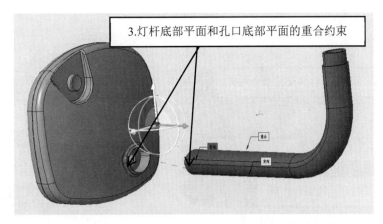

图 4-5-19   灯杆底部平面和孔口底部平面的重合约束

（10）灯杆顶部连接件的装配。导入连接件零件，先将连接件圆柱面和灯杆顶部孔的圆柱面进行重合约束，如图 4-5-20 所示。再将连接件底部平面和灯杆孔的底部平面进行重合约束，如图 4-5-21 所示，完成连接件的装配。

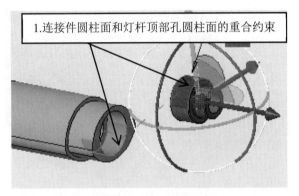

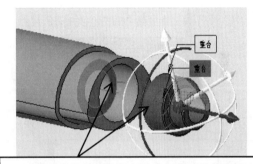

图 4-5-20   连接件圆柱面和灯杆
顶部孔圆柱面的重合约束

图 4-5-21   连接件底部平面和灯杆孔
底部平面的重合约束

（11）灯罩上盖的装配。导入灯罩上盖零件，先将灯罩上盖安装部位的圆弧面和灯杆的圆弧面进行重合约束，如图 4-5-22 所示。再将两个零件的接触端面进行重合约束，如图 4-5-23 所示，完成灯罩上盖的装配。

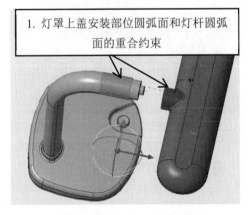

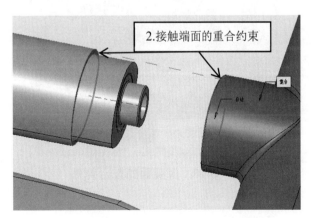

图 4-5-22   灯罩上盖安装部位圆弧面
和灯杆圆弧面的重合约束

图 4-5-23   接触端面的重合约束

（12）灯罩下盖的装配。导入灯罩下盖零件，先分别将灯罩上盖和灯罩下盖对角凸柱和孔进行重合约束，如图 4-5-24 所示。再将灯罩上盖和灯罩下盖的止口平面进行重合约束，如

图 4-5-25 所示，完成灯罩下盖的装配。

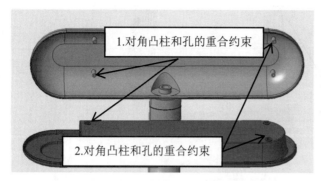

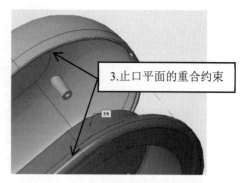

图 4-5-24　对角凸柱和孔的重合约束　　　　图 4-5-25　止口平面的重合约束

（13）灯头的装配。导入灯头零件，先将灯罩上盖隐藏，再分别将灯头的两个安装孔和灯罩下盖的凸柱进行重合约束，如图 4-5-26 所示。将灯头的底面和灯罩下盖进行重合约束，如图 4-5-27 所示，完成灯头的装配。

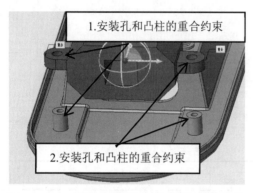

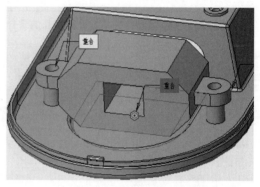

图 4-5-26　两个安装孔和凸柱的重合约束　　　图 4-5-27　灯头底面和灯罩下盖的重合约束

（14）灯管的装配。导入灯管零件，先将灯管头部的圆弧面和灯罩下盖相对应的圆弧面进行重合约束，如图 4-5-28 所示。再将灯管底部平面和灯头的平面进行重合约束，如图 4-5-29 所示，完成灯管的装配。

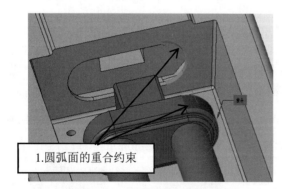

图 4-5-28　圆弧面的重合约束　　　　　　图 4-5-29　灯管底部平面和灯头
　　　　　　　　　　　　　　　　　　　　　　　　平面的重合约束

3．装配体的干涉检查

在"分析"选项卡中单击"全局干涉"按钮，弹出"全局干涉"对话框，单击"预览"按钮，如果不提示有错误显示，则表示装配正确，如图 4-5-30 所示。

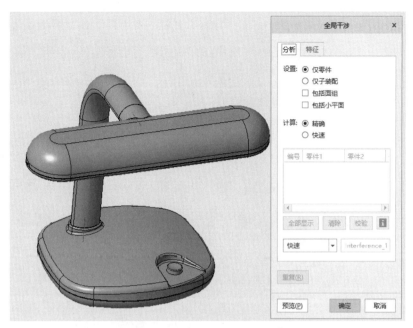

图 4-5-30　装配体的干涉检查

拓展任务　台灯 3D 打印

扫码查阅